중학 수학까지 연결되는 혼합 계산 끝내기

바빠
연산법
시리즈

징검다리 교육연구소, 호사라 지음

바쁜 초등학생을 위한 빠른 분수와 소수의 혼합 계산

먼저 푸는
계산을 덩어리로
묶는 게 비법!
0.3 + 1/2 × 2/5
덩어리 묶음 계산법!

한 권으로 총정리!

- 분수의 혼합 계산
- 소수의 혼합 계산
- 분수와 소수의 혼합 계산

이지스에듀

지은이 징검다리 교육연구소, 호사라

징검다리 교육연구소는 바쁜 친구들을 위한 빠른 학습법을 연구하는 이지스에듀의 공부 연구소입니다. 아이들이 기계적으로 공부하지 않도록, 두뇌가 활성화되는 과학적 학습 설계가 적용된 책을 만듭니다.

호사라 선생님은 서울대학교 교육학과에서 학사와 석사 학위를, 버지니아 대학교(University of Virginia)에서 영재 교육학 박사 학위를 취득한 영재 교육 전문가입니다. 미국 연방영재센터에서 영재 교사 연수 프로그램과 영재 교육 프로그램을 개발한 다음 귀국 후에는 한국교육개발원에서 '창의성 교육 프로그램'을 개발했습니다. 분당에 영재사랑 교육연구소(031-717-0341)를 설립하여 유년기(6~13세) 영재들을 위한 논술, 수리, 탐구 프로그램을 직접 개발하여 수업을 진행하고 있습니다.

분당 영재사랑연구소 블로그 blog.naver.com/ilovethegifted

바빠 연산법 - 10일에 완성하는 영역별 연산 시리즈

바쁜 초등학생을 위한 빠른 분수와 소수의 혼합 계산

초판 1쇄 발행 2022년 7월 30일
초판 4쇄 발행 2024년 7월 15일
지은이 징검다리 교육연구소, 호사라
발행인 이지연
펴낸곳 이지스퍼블리싱(주)
출판사 등록번호 제313-2010-123호
주소 서울시 마포구 잔다리로 109 이지스빌딩 5층(우편번호 04003)
대표전화 02-325-1722　팩스 02-326-1723
이지스퍼블리싱 홈페이지 www.easyspub.com　이지스에듀 카페 www.easysedu.co.kr
바빠 아지트 블로그 bolg.naver.com/easyspub　인스타그램 @easys_edu
페이스북 www.facebook.com/easyspub2014　이메일 service@easyspub.co.kr

본부장 조은미　기획 및 책임 편집 박지연 | 김현주, 정지연, 이지혜　교정 교열 방지현　문제 검수 김해경
표지 및 내지 디자인 정우영　그림 김학수, 이츠북스　전산편집 이츠북스　인쇄 보광문화사
영업 및 문의 이주동, 김요한(support@easyspub.co.kr)　마케팅 박정현, 한송이, 이나리　독자 지원 오경신, 박애림

ISBN 979-11-6303-385-1 64410
ISBN 979-11-6303-253-3(세트)
가격 11,000원

"펑펑 쏟아져야 눈이 쌓이듯, 공부도 집중해야 실력이 쌓인다."

교과서 집필 교수, 영재교육 연구소, 수학 전문학원, 명강사들이 적극 추천하는 '바빠 연산법'

'바빠 연산법' 시리즈는 학생들이 수학적 개념의 이해를 통해 수학적 절차를 터득하도록 체계적으로 구성한 책입니다.

김진호 교수(초등 수학 교과서 집필진)

친절한 개념 설명과 문제 풀이 비법까지 담겨 있어 연산 실력을 단기간에 끌어올릴 수 있는 최고의 교재입니다. 수학의 기초가 부족한 고학년 학생에게 '강추' 합니다.

정경이 원장(하늘교육 문래학원)

혼합 계산은 학원에서 한 달 이상 따로 수업을 진행할 만큼 중요한 내용입니다. 이 책은 아이들에게 적당한 문제 수로 구성되어 있어 원리도 익히고, 연산의 재미도 알 수 있도록 도와줍니다. 이 책을 마치고 나면 혼합 계산 박사가 되어 있을 것입니다.

한정우 원장(일산 잇츠수학)

혼합 계산이 어려운 이유는 전체적인 큰 그림을 보지 못해서인 경우가 많습니다. 이 책은 연산부터 응용까지의 흐름을 이해하고 답을 찾을 수 있도록 아이들 머릿속에 교통정리를 해 주는 똑똑한 교재입니다.

김민경 원장(동탄 더원수학)

한 영역의 계산을 체계적으로 배치해 놓아 학생들이 '끝을 보려고 달려들기' 에 좋은 구조입니다. 계산 속도와 정확성을 완벽한 경지로 올려 줄 것입니다.

김종명 원장(분당 GTG수학 본원)

혼합 계산은 아이들의 계산 실수가 많이 나오는 정확성이 요구되는 내용입니다. 이 책으로 공부한 모든 학생들은 이제 혼합 계산을 실수할 일이 없을 것입니다. 수학의 흥미와 자신감을 갖게 해 줄 '바빠 연산법' 강추합니다!

박지현 원장(대치동 현수학학원)

분수와 소수의 혼합 계산은 중학 수학의 기초가 되는 개념입니다. 하지만 초등 교과과정에 빠져서, 그동안 문제 은행에서 뽑아 직접 예비 중1을 위한 자료를 만드는 선생님들을 많이 보았습니다. 이제 이 책이 그 수고를 덜어 주겠네요!

김승태(수학자가 들려주는 수학 이야기 저자)

분수와 소수의 혼합 계산은 6학년 수학 '비와 비례' 개념의 이해도를 높여 줄 뿐 아니라 중1에서 가장 어려운 '유리수의 계산' 의 기초가 되는 계산입니다. 꼭 필요했지만 시중에서 구하기 어려웠던 책이 나와서 반갑습니다.

김성숙 원장(써큘러스리더 러닝센터)

중학교 입학 전 꼭 갖춰야 할 '분수와 소수의 혼합 계산'을 탄탄하게!

잘 가르치기로 소문난 수학학원의 비결, 혼합 계산만 모아 집중 훈련해요!

혼합 계산만 따로 모아 집중 훈련해야 하는 이유는?

'혼합 계산'은 '구구단'처럼 집중 연습이 필요한 내용입니다. 앞에서부터 계산하는 것이 익숙한 친구들에게 '여러 가지 연산 기호가 섞인 혼합 계산'은 계산 순서 암기와 충분한 연습을 통해 숙련되는 과정이 꼭 필요하기 때문입니다. 그래서 대치동 수학학원들에서는 방학 중 혼합 계산 문제만 추린 문제집을 따로 만들어 집중 훈련한다고 합니다.

이 책은 '분수와 소수의 혼합 계산'을 집중 훈련하는 책입니다. 개정 교육과정에서는 공부 범위를 줄이는 데 초점이 맞춰져 초등 수학에서 '분수와 소수의 혼합 계산'이 빠졌습니다. 하지만 초등 수학의 응용·활용 문제를 풀 때 분수와 소수의 혼합 계산이 필수로 활용되므로 수학 상위권을 꿈꾼다면 반드시 훈련이 필요한 내용입니다. '바쁜 초등학생을 위한 빠른 분수와 소수의 혼합 계산'으로 고학년 수학의 핵심인 분수와 소수의 계산을 마무리해 보세요!

혼합 계산 실수를 꽉 잡는 '바빠 연산법'만의 '덩어리 계산법'

'혼합 계산'은 계산 순서를 알아도 머릿속으로만 생각하면, 문제를 풀 때 암산이 쉬운 부분을 먼저 계산하는 실수를 범하기 쉽습니다.

이 책에서는 혼합 계산의 실수를 잡는 비법으로 먼저 푸는 부분을 덩어리로 묶는 방법을 제시하고 집중 훈련합니다. 예를 들어, 덧셈과 뺄셈이 곱셈과 섞여 있는 식에서 곱셈 부분을 덩어리로 묶은 다음 계산하는 것입니다. 이 비법은 분당 영재사랑 교육연구소에서 17년째 영재 아이들을 지도하고 있는 호사라 박사님의 지도 꿀팁입니다. 덩어리로 묶고 나면 긴 식이 간단하게 '덧셈과 뺄셈이 섞여 있는 식'으로 바뀌므로, 긴 식도 겁나지 않게 되고 계산 순서 실수도 꽉 잡을 수 있습니다!

먼저 푸는 계산을 덩어리로 묶어요!

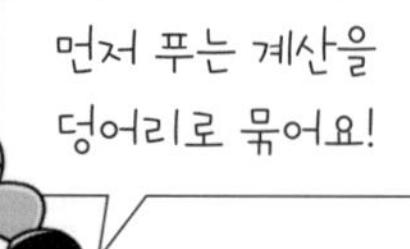

혼합 계산이 아무리 복잡해도 덩어리로 묶는 연습이 손에 익으면 문제없어요!

중학 수학을 잘하고 싶다면 필수! '분수와 소수의 혼합 계산'

중학교에 들어가 공부하는 '정수와 유리수' 단원에는 초등 수학의 '자연수의 혼합 계산' 내용에서 수의 범위가 넓어진 혼합 계산을 다룹니다. 계통성이 강한 수학 과목의 특성상 수학의 흐름이 잘 이어지려면 '분수와 소수의 혼합 계산'을 능숙하게 할 수 있어야 '정수와 유리수의 혼합 계산'을 직관적으로 쉽게 해결해 낼 수 있습니다. 따라서 이 부분을 중학교 입학 전에 확실히 알고 넘어가는 것을 추천합니다. '분수와 소수의 혼합 계산'을 탄탄하게 다지고 넘어간다면 중학 수학 역시 잘하게 될 것입니다!

수의 범위가 넓어질 뿐
혼합 계산 내용이
중학 수학에
그대로 이어져요!

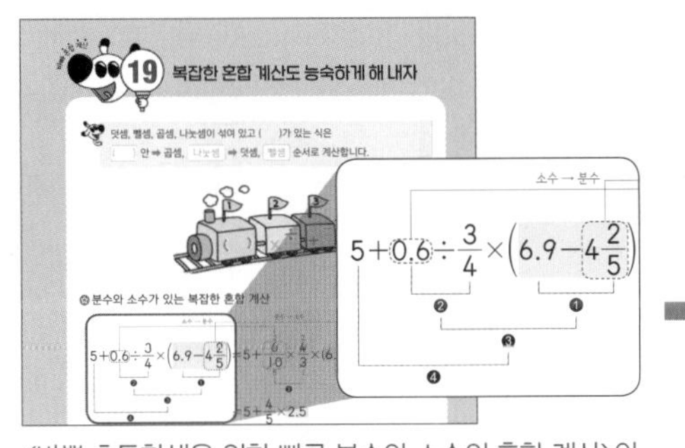
19 복잡한 혼합 계산도 능숙하게 해 내자
소수 → 분수
$5+0.6\div\frac{3}{4}\times\left(6.9-4\frac{2}{5}\right)$

〈바쁜 초등학생을 위한 빠른 분수와 소수의 혼합 계산〉의 '분수와 소수의 혼합 계산' 개념

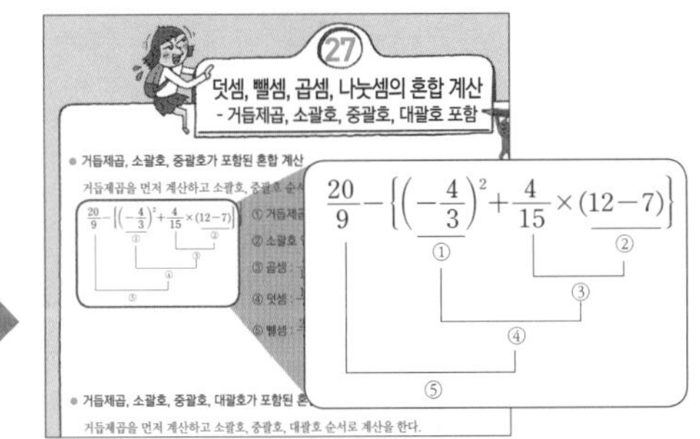
27
덧셈, 뺄셈, 곱셈, 나눗셈의 혼합 계산
- 거듭제곱, 소괄호, 중괄호, 대괄호 포함
$\frac{20}{9}-\left\{\left(-\frac{4}{3}\right)^2+\frac{4}{15}\times(12-7)\right\}$

〈바쁜 중1을 위한 빠른 중학연산 1권〉의 '정수와 유리수의 혼합 계산' 개념

탄력적 훈련으로 진짜 실력을 쌓는 효율적인 학습법!

'바쁜 초등학생을 위한 빠른 분수와 소수의 혼합 계산'은 충분한 연산 훈련으로 조금씩 어려워지는 문제에 도전합니다. 또한 단기간 탄력적 훈련으로 '분수와 소수의 혼합 계산'을 그냥 풀 줄 아는 정도가 아니라 아주 숙달될 수 있도록 구성하여 같은 시간을 들여도 더 효율적인 진짜 실력을 쌓는 학습법을 제시합니다.

간단한 연습만으로 충분한 단계는 빠르게 확인하고 넘어가고, 더 많은 학습량이 필요한 단계는 충분한 훈련이 가능하도록 확대하여 구성했습니다. 또한, 하루에 2~3단계씩 10~20일 안에 풀 수 있도록 구성하여 단기간 집중적으로 학습할 수 있습니다. 집중해서 공부하면 전체 맥락을 쉽게 이해할 수 있어서 한 권을 모두 푸는 데 드는 시간도 줄어들고, 펑펑 쏟아져야 눈이 쌓이듯, 실력도 차곡차곡 쌓입니다.

이 책으로 '분수와 소수의 혼합 계산'을 집중해서 연습하면 초등 고학년 수학을 슬기롭게 마무리하고 중1 수학도 잘하는 계기가 될 것입니다.

선생님이 바로 옆에 계신 듯한 설명

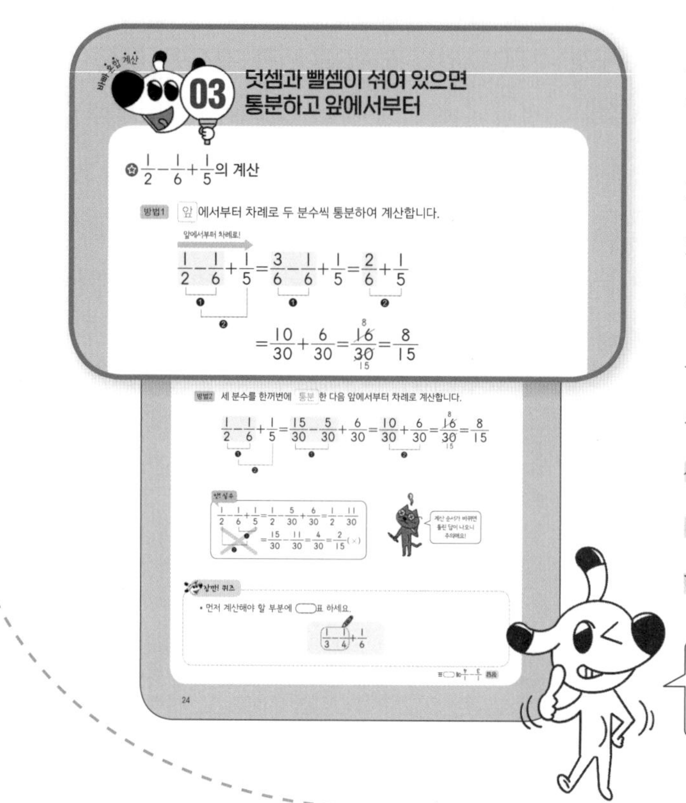

무조건 풀지 않는다!
개념을 보고 '느낌 알면서~.'

개념을 바르게 이해하지 못한 채 생각 없이 문제만 풀다 보면 어느 순간 벽에 부딪힐 수 있어요. 기초 체력을 키우려면 영양소를 골고루 섭취해야 하듯, 연산도 훈련 과정에서 개념과 원리를 함께 접해야 기초를 건강하게 다질 수 있답니다.

오호! 제목만 읽어도 개념이 쏙쏙~.

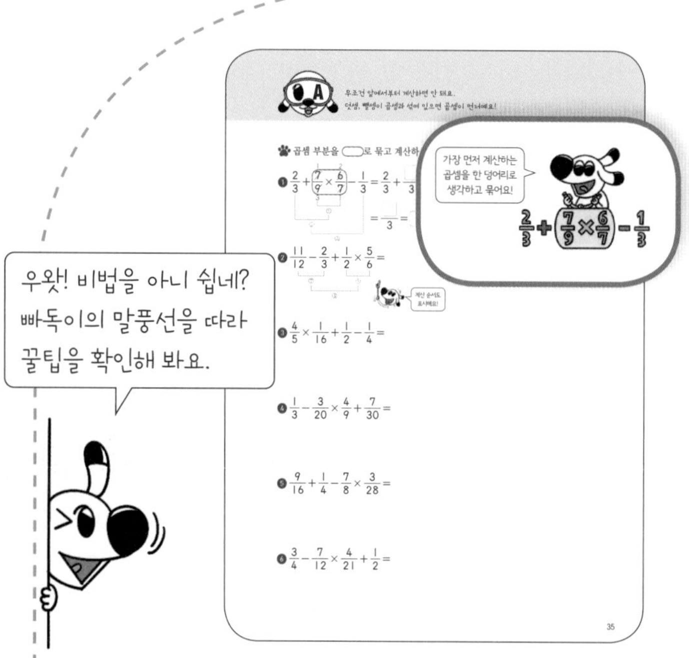

우왓! 비법을 아니 쉽네? 빠독이의 말풍선을 따라 꿀팁을 확인해 봐요.

책 속의 선생님!
빠독이의 '꿀팁'과 '잠깐! 퀴즈'로 선생님과 함께 푼다!

문제를 풀 때 알아두면 좋은 꿀팁부터 실수를 줄여주는 꿀팁까지! 책 곳곳에서 빠독이가 알려줘 쉽게 이해하고 풀 수 있어요. 개념을 배운 다음엔 '잠깐! 퀴즈'로 개념을 한 번 더 정리할 수 있어 혼자 푸는데도 선생님이 옆에 있는 것 같아요!

종합 선물 같은 훈련 문제

실력을 쌓아 주는 바빠의 '작은 발걸음' 방식!

쉬운 내용은 빠르게 학습하고, 어려운 부분은 더 많이 훈련하도록 구성해 학습 효율을 높였어요. 또한 조금씩 수준을 높여 도전하는 바빠의 '작은 발걸음 방식(small step)'으로 몰입도를 높였어요.

느닷없이 어려워지지 않으니 끝까지 풀 수 있어요~.

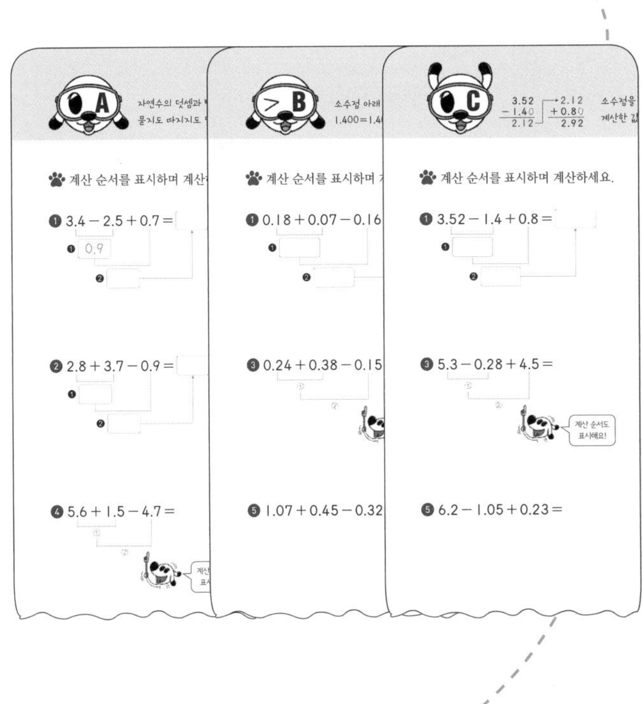

생활 속 언어로 이해하고, 내 것으로 만드니 자신감이 저절로!

단순 계산력 문제만 연습하고 끝나지 않아요. 개념을 한 번 더 정리해 최종 점검할 수 있는 쉬운 문장제와 게임처럼 즐거운 연산 놀이터 문제로 완벽하게 자신의 것으로 만들면 자신감이 저절로!

다양한 유형의 문제로 즐겁게 학습해요~!

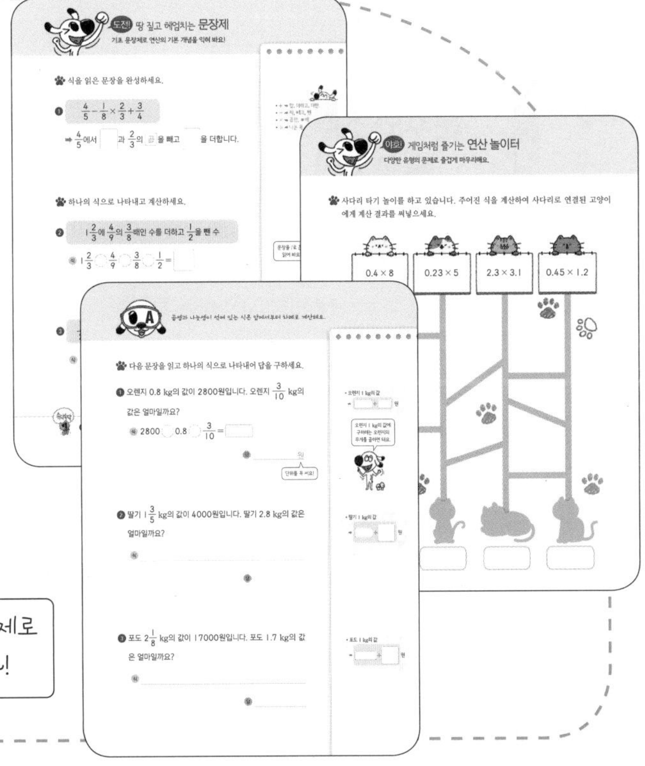

차례

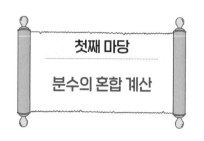

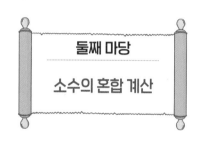

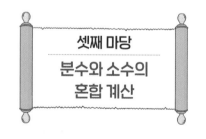

바쁜 초등학생을 위한 빠른 분수와 소수의 혼합 계산

분수와 소수의 혼합 계산 기초 진단 평가

이 책은 6학년 수학 공부를 끝낸 친구들이 푸는 것이 좋습니다.
공부 진도가 빠른 5학년 학생 또는
혼합 계산의 기초를 다지고 싶은 중학생에게도 권장합니다.

내 실력은 어느 정도일까?

10분 진단

평가 문항: **20문항**

분수와 소수의 혼합 계산을 풀 준비가
되었는지 정확하게 확인하고 싶다면?
➔ 바로 20일 진도로 진행!

진단할 시간이 부족할 때

5분 진단

평가 문항: **10문항**

학원이나 공부방 등에서
진단 시간이 부족할 때 사용!

시계가 준비됐나요?
자! 이제 제시된 시간 안에 진단 평가를 풀어 본 후
12쪽의 '권장 진도표'를 참고하여 공부 계획을 세워 보세요.

분수와 소수의 혼합 계산 기초 진단 평가

계산하세요.

① $1\frac{5}{6}+1\frac{4}{9}=$

② $2\frac{5}{12}-1\frac{3}{8}=$

③ $2\frac{2}{3}\times 4\frac{1}{8}=$

④ $3\frac{2}{5}\div 4\frac{6}{7}=$

⑤ $\begin{array}{r} 5.6 \\ \times\ 2.7 \\ \hline \end{array}$

⑥ $\begin{array}{r} 1.92 \\ \times\ 4.8 \\ \hline \end{array}$

⑦ $1.3\overline{)9.1}$

⑧ $2.09\overline{)8.36}$

⑨ $0.4\overline{)6}$

⑩ $1.2\overline{)5.16}$

분수를 소수로, 소수를 기약분수로 나타내세요.

⑪ $3\frac{4}{25}=$

⑫ $2.375=$

계산하세요.

⑬ $4.8\div\frac{3}{5}=$

⑭ $2.25\div1\frac{1}{4}=$

⑮ $\frac{3}{25}\div0.6=$

⑯ $3\frac{1}{5}\div1.4=$

⑰ $\frac{3}{5}-0.2+\frac{1}{2}=$

⑱ $1.2\div\frac{2}{5}\times0.5=$

⑲ $0.2\times4\frac{1}{2}-0.8=$

⑳ $1.5+\frac{7}{8}\div3\frac{1}{2}=$

나만의 공부 계획을 세워 보자

다 맞았어요! → 예 → **10일 진도표로** 공부하면서 푸는 속도를 높여 보자!

아니요

1~10번을 못 풀었어요. → 예 → **'바쁜 5·6학년을 위한 빠른 분수/소수'** 편을 먼저 풀고 다시 도전!

아니요

11~16번에 틀린 문제가 있어요. → 예 → 첫째 마당부터 차근차근 풀어 보자! **20일 진도표로** 공부 계획을 세워 보자!

아니요

17~20번에 틀린 문제가 있어요. → 예 → 단기간에 끝내는 **10일 진도표로** 공부 계획을 세워 보자!

권장 진도표

★	20일 진도	10일 진도
1일	01	01~02
2일	02	03~04
3일	03	05~06
4일	04	07~08
5일	05	09~10
6일	06	11~12
7일	07	13~15
8일	08	16~17
9일	09	18~19
10일	10	20
11일	11	
12일	12	
13일	13	
14일	14	
15일	15	
16일	16	
17일	17	
18일	18	
19일	19	
20일	20	

진단 평가 정답

① $3\frac{5}{18}$ ② $1\frac{1}{24}$ ③ 11 ④ $\frac{7}{10}$ ⑤ 15.12 ⑥ 9.216

⑦ 7 ⑧ 4 ⑨ 15 ⑩ 4.3 ⑪ 3.16 ⑫ $2\frac{3}{8}$

⑬ 8 ⑭ $1\frac{4}{5}(=1.8)$ ⑮ $\frac{1}{5}(=0.2)$ ⑯ $2\frac{2}{7}$ ⑰ $\frac{9}{10}(=0.9)$ ⑱ $1\frac{1}{2}(=1.5)$

⑲ $\frac{1}{10}(=0.1)$ ⑳ $1\frac{3}{4}(=1.75)$

첫째 마당

분수의 혼합 계산

첫째 마당에서는 분수의 혼합 계산을 배워요. 01~02과에서는 본격적으로 혼합 계산을 하기 전에 분수의 기초 계산을 복습하면서 혼합 계산의 준비 운동을 할 거예요. 혼합 계산은 계산 순서가 바뀌면 답이 달라지기 때문에 계산 순서를 정확히 아는 것이 중요해요. 계산 실수를 줄이기 위해 순서를 먼저 표시한 다음 푸는 습관을 꼭 들여 보세요!

공부할 내용!	완료	10일 진도	20일 진도
01 분모가 다르면 통분 먼저 하자	☑	1일차	1일차
02 약분을 먼저 하면 계산이 간단해져	☐		2일차
03 덧셈과 뺄셈이 섞여 있으면 통분하고 앞에서부터	☐	2일차	3일차
04 곱셈과 나눗셈이 섞여 있으면 나눗셈을 곱셈으로 바꿔	☐		4일차
05 먼저 계산하는 곱셈과 나눗셈을 덩어리로 묶어	☐	3일차	5일차
06 ( )가 있으면 ( ) 안의 분수 계산을 가장 먼저!	☐		6일차

바빠 • 혼합 계산
01

기초 계산

분모가 다르면 통분 먼저 하자

✪ 분모가 같은 분수의 덧셈과 뺄셈

분자끼리 더하고

$$\frac{2}{7}+\frac{6}{7}=\frac{2+6}{7}=\frac{8}{7}=1\frac{1}{7}$$

분모는 그대로!

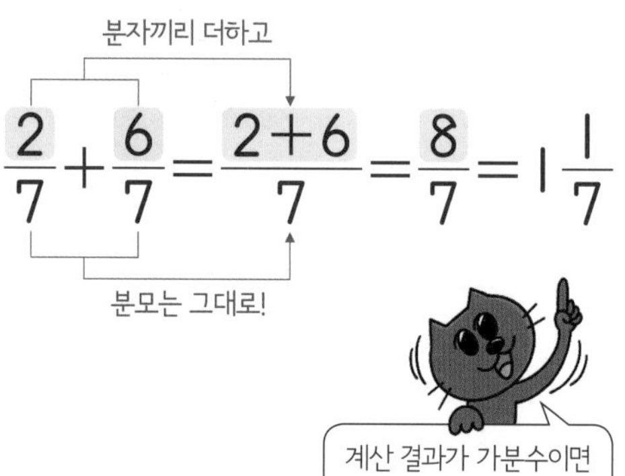
계산 결과가 가분수이면
대분수로 나타내요.

분자끼리 빼고

$$\frac{5}{8}-\frac{3}{8}=\frac{5-3}{8}=\frac{\cancel{2}^{1}}{\cancel{8}_{4}}=\frac{1}{4}$$

분모는 그대로!

계산 결과가 약분이 되면
기약분수로 나타내요.

✪ 분모가 다른 분수의 덧셈과 뺄셈

$$\frac{1}{4}+\frac{1}{6}=\frac{1\times3}{4\times3}+\frac{1\times2}{6\times2}=\frac{3}{12}+\frac{2}{12}=\frac{5}{12}$$

최소공배수: 12　　분모를 통분해요.

$$\frac{4}{5}-\frac{1}{2}=\frac{4\times2}{5\times2}-\frac{1\times5}{2\times5}=\frac{8}{10}-\frac{5}{10}=\frac{3}{10}$$

분모의 곱: 10　　분모를 통분해요.

분모를 같게 만들어야
분자끼리 더하거나
뺄 수 있어요.

✪ 분모가 다른 대분수의 덧셈과 뺄셈

$$2\frac{1}{2}+1\frac{1}{8}=2\frac{4}{8}+1\frac{1}{8}=(2+1)+\left(\frac{4}{8}+\frac{1}{8}\right)=3+\frac{5}{8}=3\frac{5}{8}$$

❶ 분모를 통분해요.　❷ 자연수끼리, 분수끼리 더해요.

$$2\frac{5}{6}-1\frac{2}{9}=2\frac{15}{18}-1\frac{4}{18}=(2-1)+\left(\frac{15}{18}-\frac{4}{18}\right)=1+\frac{11}{18}=1\frac{11}{18}$$

❶ 분모를 통분해요.　❷ 자연수끼리, 분수끼리 빼요.

분수의 덧셈과 뺄셈에서 분모가 다를 때
최소공배수를 공통분모로 하면 수가 작아져서 계산이 편해져요.

계산하세요.

❶ $\frac{1}{5}+\frac{3}{5}=\frac{\boxed{1}+\boxed{}}{5}=\frac{\boxed{}}{5}$

❷ $\frac{5}{9}+\frac{2}{9}=$

❸ $\frac{3}{4}-\frac{1}{4}=\frac{\boxed{}-\boxed{}}{4}=\frac{\boxed{}}{4}=\frac{\boxed{}}{2}$

기약분수로 나타내요.

❹ $\frac{9}{11}-\frac{4}{11}=$

❺ $\frac{1}{2}+\frac{1}{3}=\frac{\boxed{}}{6}+\frac{\boxed{}}{6}=\frac{\boxed{}}{6}$

❻ $\frac{1}{5}+\frac{1}{10}=$

❼ $\frac{1}{8}+\frac{3}{4}=$

❽ $\frac{1}{6}+\frac{11}{12}=$

❾ $\frac{2}{3}-\frac{1}{4}=\frac{\boxed{}}{12}-\frac{\boxed{}}{12}=\frac{\boxed{}}{12}$

❿ $\frac{4}{9}-\frac{1}{6}=$

⓫ $\frac{3}{8}-\frac{3}{10}=$

⓬ $\frac{5}{6}-\frac{3}{8}=$

대분수의 덧셈과 뺄셈은 분모가 같으면
자연수는 자연수끼리, 분수는 분수끼리 계산하거나 대분수를 가분수로 바꿔서 계산해요.

계산하세요.

❶ $1\frac{3}{7}+2\frac{1}{7}=(1+\square)+\left(\frac{\square}{7}+\frac{1}{7}\right)=\square+\frac{\square}{7}=\square\frac{\square}{7}$

대분수를 가분수로 바꿔서 계산할 수도 있어요.
$1\frac{3}{7}+2\frac{1}{7}=\frac{10}{7}+\frac{15}{7}=\frac{25}{7}=3\frac{4}{7}$

❷ $2\frac{1}{5}+4\frac{3}{5}=$

❸ $1\frac{1}{9}+3\frac{4}{9}=$

❹ $3\frac{2}{11}+1\frac{5}{11}=$

❺ $5\frac{2}{15}+2\frac{11}{15}=$

❻ $2\frac{4}{5}-1\frac{1}{5}=\frac{14}{5}-\frac{\square}{5}=\frac{\square}{5}=\square\frac{\square}{5}$

자연수는 자연수끼리, 분수는 분수끼리 계산할 수도 있어요.
$2\frac{4}{5}-1\frac{1}{5}=(2-1)+\left(\frac{4}{5}-\frac{1}{5}\right)=1+\frac{3}{5}=1\frac{3}{5}$

❼ $4\frac{2}{3}-2\frac{1}{3}=$

❽ $5\frac{4}{7}-1\frac{1}{7}=$

❾ $3\frac{8}{9}-1\frac{7}{9}=$

❿ $6\frac{3}{13}-3\frac{2}{13}=$

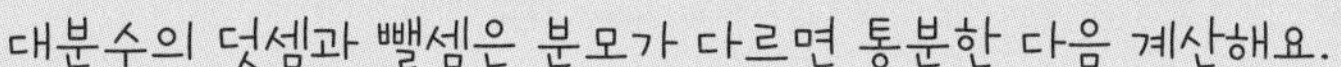

계산하세요.

❶ $2\frac{1}{2}+1\frac{3}{8}=2\frac{\square}{8}+1\frac{3}{8}=\square+\frac{\square}{8}=\square\frac{\square}{8}$

❷ $1\frac{1}{5}+2\frac{1}{3}=$

❸ $1\frac{2}{3}+2\frac{1}{9}=$

❹ $2\frac{1}{4}+3\frac{1}{6}=$

❺ $2\frac{3}{10}+1\frac{1}{4}=$

❻ $2\frac{2}{3}-1\frac{1}{2}=\frac{8}{3}-\frac{\square}{2}=\frac{16}{6}-\frac{\square}{6}=\frac{\square}{6}=\square\frac{\square}{6}$

❼ $5\frac{3}{4}-1\frac{2}{5}=$

❽ $5\frac{7}{8}-1\frac{1}{2}=$

❾ $6\frac{3}{5}-3\frac{1}{15}=$

❿ $3\frac{5}{6}-1\frac{2}{9}=$

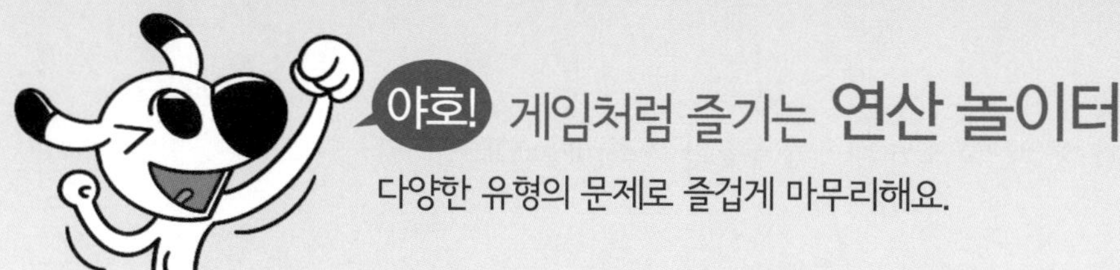

세 개의 문 중 계산 결과가 가장 큰 문을 열면 보물을 찾을 수 있습니다. 보물이 숨겨진 문을 찾아 ○표 하세요.

바빠 혼합 계산
02

기초 계산

약분을 먼저 하면 계산이 간단해져

✪ 분수의 곱셈

방법1 분모는 분모끼리, 분자는 분자 끼리 곱합니다.

분자끼리 곱해요.

$$\frac{2}{5}\times\frac{3}{4}=\frac{2\times3}{5\times4}=\frac{\overset{3}{\cancel{6}}}{\underset{10}{\cancel{20}}}=\frac{3}{10}$$

분모끼리 곱해요.

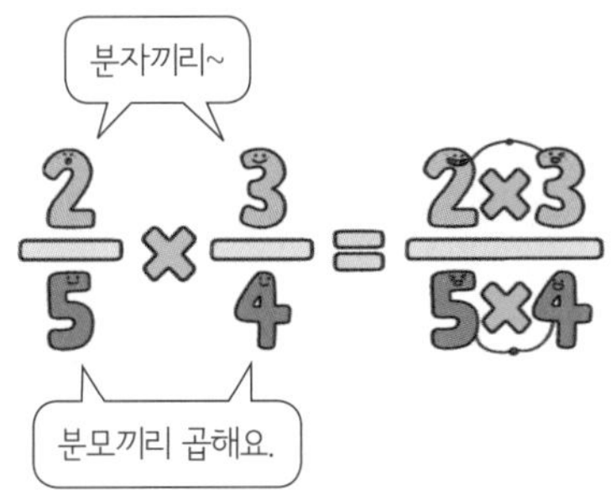
분자끼리~
분모끼리 곱해요.

방법2 곱셈식에서 약분 을 먼저 한 다음 계산합니다.

$$\frac{\overset{1}{\cancel{2}}}{5}\times\frac{3}{\underset{2}{\cancel{4}}}=\frac{1\times3}{5\times2}=\frac{3}{10}$$

곱셈을 하기 전에 약분을 먼저 하면 계산이 훨씬 쉬워요.

✪ 분수의 나눗셈

$$\frac{3}{4}\div\frac{5}{6}=\frac{3}{\underset{2}{\cancel{4}}}\times\frac{\overset{3}{\cancel{6}}}{5}=\frac{3\times3}{2\times5}=\frac{9}{10}$$

분모와 분자를 바꿔서 곱셈으로 나타내요.

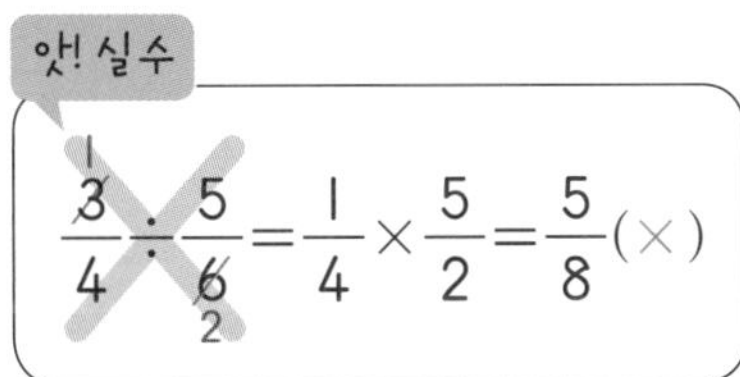
앗! 실수

$$\frac{\overset{1}{\cancel{3}}}{4}\div\frac{5}{\underset{2}{\cancel{6}}}=\frac{1}{4}\times\frac{5}{2}=\frac{5}{8}(\times)$$

약분은 곱셈에서만 가능해요. 나눗셈 상태에서 약분을 먼저 하지 않도록 주의해요!

분수의 나눗셈을
분수의 곱셈으로 바꿀 땐
휙!
나누는 수를
뒤집어~.

$\frac{\overset{1}{\cancel{4}}}{\underset{1}{\cancel{5}}} \times \frac{\overset{1}{\cancel{5}}}{\underset{2}{\cancel{8}}} = \frac{1}{2}$ 곱셈식에서 서로 다른 분모와 분자를 먼저 약분한 다음 분모는 분모끼리, 분자는 분자끼리 곱하면 편해요.

계산하세요.

❶ $\frac{1}{\underset{2}{\cancel{4}}} \times \frac{\overset{1}{\cancel{2}}}{3} = \frac{1 \times 1}{2 \times \square} = \frac{\square}{\square}$

약분이 되면 먼저 약분해요.

❷ $\frac{5}{6} \times \frac{3}{4} =$

❸ $\frac{3}{5} \times \frac{5}{12} =$

❹ $\frac{14}{15} \times \frac{6}{7} =$

❺ $\frac{5}{6} \times \frac{9}{20} =$

❻ $\frac{9}{14} \times \frac{7}{24} =$

❼ $\frac{2}{3} \div \frac{7}{9} = \frac{2}{\underset{1}{\cancel{3}}} \times \frac{\overset{3}{\cancel{9}}}{\square} = \frac{\square}{7}$

❽ $\frac{3}{4} \div \frac{5}{8} =$

❾ $\frac{5}{6} \div \frac{10}{11} =$

❿ $\frac{5}{12} \div \frac{4}{9} =$

⓫ $\frac{8}{15} \div \frac{4}{5} =$

⓬ $\frac{9}{16} \div \frac{3}{10} =$

곱셈식에서 대분수는 가분수로 바꾼 다음 분모는 분모끼리, 분자는 분자끼리 곱해요.
이때 계산 과정에서 약분이 되면 약분해요!

계산하세요.

❶ $1\frac{3}{4} \times 2\frac{2}{5} = \frac{7}{\cancel{4}_{1}} \times \frac{\cancel{12}^{3}}{5} = \frac{\square \times \square}{1 \times 5} = \frac{\square}{5} = \square\frac{\square}{5}$

❷ $1\frac{2}{3} \times 1\frac{2}{7} =$

❸ $1\frac{1}{8} \times 1\frac{3}{5} =$

❹ $1\frac{4}{5} \times 1\frac{1}{9} =$

❺ $1\frac{3}{10} \times 2\frac{1}{2} =$

❻ $1\frac{1}{2} \div \frac{3}{4} = \frac{\cancel{3}^{1}}{\cancel{2}_{\square}} \times \frac{\cancel{4}^{\square}}{\cancel{3}_{1}} = \square$

❼ $1\frac{1}{6} \div \frac{2}{3} =$

❽ $2\frac{2}{7} \div 3\frac{1}{5} =$

❾ $2\frac{1}{3} \div 1\frac{3}{4} =$

❿ $1\frac{1}{9} \div 2\frac{2}{9} =$

⓫ $2\frac{5}{6} \div 2\frac{1}{3} =$

세 분수의 곱셈이나 나눗셈에서도 대분수가 있으면
먼저 대분수를 가분수로 바꾼 다음 계산해요.

🐾 계산하세요.

❶ $\frac{\overset{1}{\cancel{2}}}{\underset{1}{\cancel{3}}} \times \frac{\overset{1}{\cancel{3}}}{\underset{2}{\cancel{4}}} \times \frac{5}{7} = \frac{1 \times \square \times 5}{1 \times \square \times 7} = \frac{\square}{\square}$

약분한 다음 곱하면
계산하기 훨씬 쉬워요.

❷ $\frac{4}{7} \times \frac{7}{8} \times \frac{5}{6} =$

❸ $1\frac{1}{6} \times \frac{3}{7} \times \frac{5}{9} =$

❹ $\frac{3}{7} \div \frac{2}{3} \div \frac{1}{2} = \frac{3}{7} \times \frac{\square}{\underset{1}{\cancel{2}}} \times \frac{\overset{1}{\cancel{2}}}{\square} = \frac{\square}{7} = \square\frac{\square}{7}$

❺ $\frac{4}{15} \div \frac{1}{3} \div \frac{4}{7} =$

❻ $1\frac{2}{3} \div \frac{10}{13} \div \frac{5}{9} =$

❼ $\frac{5}{7} \div 3\frac{1}{3} \div 1\frac{1}{5} =$

나눗셈을 곱셈으로,
분수는 뒤집어~ 뒤집어~.

야호! 게임처럼 즐기는 연산 놀이터

다양한 유형의 문제로 즐겁게 마무리해요.

다음 식의 계산 결과에 해당하는 글자를 보기에서 찾아 아래 표의 빈칸에 차례로 써 넣으면 고사성어가 완성됩니다. 완성된 고사성어를 쓰세요.

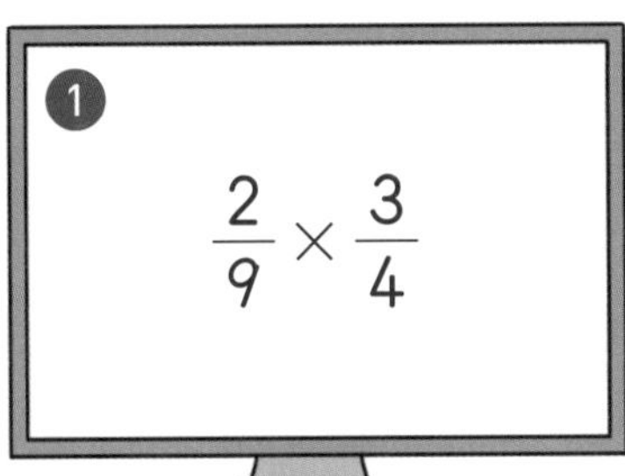

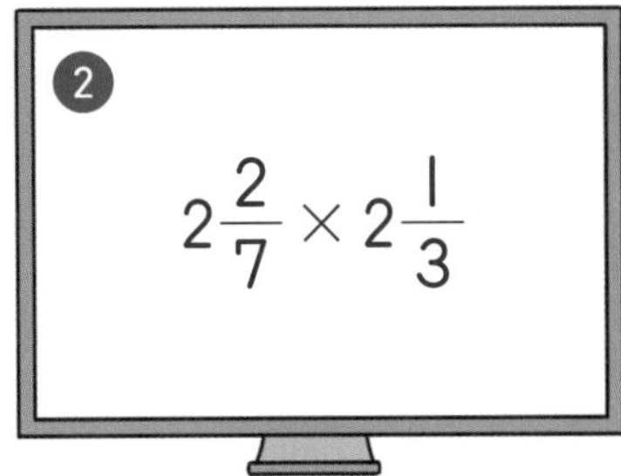

3

$\frac{5}{8} \times \frac{6}{7} \times \frac{2}{5}$

4

$\frac{4}{5} \div \frac{3}{10} \div \frac{2}{9}$

보기

$\frac{3}{14}$	$5\frac{1}{3}$	$1\frac{2}{5}$	12	$1\frac{2}{3}$	$\frac{1}{6}$
점	룡	공	정	생	화

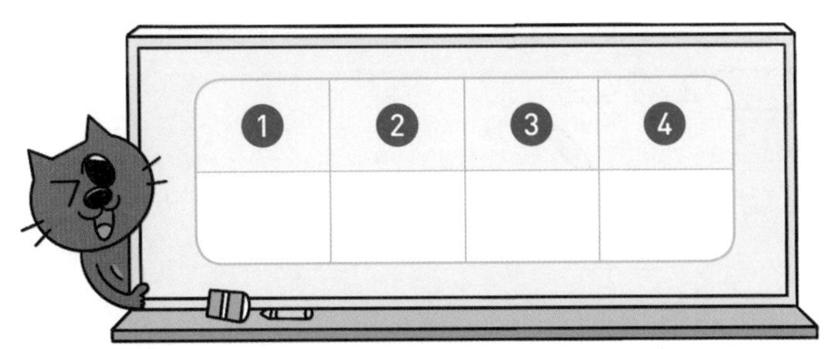

완성된 고사성어는 '가장 중요한 부분을 완벽하게 하여 마무리한다'는 뜻이에요.

바빠 혼합 계산
03

덧셈과 뺄셈이 섞여 있으면 통분하고 앞에서부터

✪ $\frac{1}{2}-\frac{1}{6}+\frac{1}{5}$의 계산

방법1 [앞]에서부터 차례로 두 분수씩 통분하여 계산합니다.

앞에서부터 차례로!

$$\frac{1}{2}-\frac{1}{6}+\frac{1}{5}=\frac{3}{6}-\frac{1}{6}+\frac{1}{5}=\frac{2}{6}+\frac{1}{5}$$

$$=\frac{10}{30}+\frac{6}{30}=\frac{\cancel{16}^{8}}{\cancel{30}_{15}}=\frac{8}{15}$$

방법2 세 분수를 한꺼번에 [통분]한 다음 앞에서부터 차례로 계산합니다.

$$\frac{1}{2}-\frac{1}{6}+\frac{1}{5}=\frac{15}{30}-\frac{5}{30}+\frac{6}{30}=\frac{10}{30}+\frac{6}{30}=\frac{\cancel{16}^{8}}{\cancel{30}_{15}}=\frac{8}{15}$$

앗! 실수

$$\frac{1}{2}-\frac{1}{6}+\frac{1}{5}=\frac{1}{2}-\frac{5}{30}+\frac{6}{30}=\frac{1}{2}-\frac{11}{30}$$

$$=\frac{15}{30}-\frac{11}{30}=\frac{4}{30}=\frac{2}{15}\ (\times)$$

계산 순서가 바뀌면
틀린 답이 나오니
주의해요!

잠깐! 퀴즈

• 먼저 계산해야 할 부분에 ◯표 하세요.

$\frac{1}{3}-\frac{1}{4}+\frac{1}{6}$

정답 $\frac{1}{3}-\frac{1}{4}$에 ◯표

자연수의 덧셈과 뺄셈이 섞여 있는 식의 계산과 계산 순서가 같아요.
덧셈과 뺄셈이 섞여 있는 식은 앞에서부터 차례로!

계산하세요.

❶ $\frac{3}{5}-\frac{1}{5}+\frac{4}{5}=\frac{\square}{5}+\frac{4}{5}=\frac{\square}{5}=\square\frac{\square}{5}$ (① $\frac{3}{5}-\frac{1}{5}$, ② + $\frac{4}{5}$)

계산 결과가 가분수이면 대분수로 나타내요.

❷ $\frac{3}{4}+\frac{1}{3}-\frac{7}{12}=\frac{9}{12}+\frac{\square}{12}-\frac{7}{12}=\frac{\square}{12}-\frac{7}{12}=\frac{\square}{12}=\frac{\square}{2}$ (① $\frac{3}{4}+\frac{1}{3}$, ② $-\frac{7}{12}$)

계산 순서도 표시해요!

❸ $\frac{2}{3}-\frac{1}{2}+\frac{5}{9}=$

최소공배수로 통분하면
수가 간단해져서
계산이 편해요.

❹ $\frac{5}{6}+\frac{1}{4}-\frac{3}{8}=$

❺ $\frac{5}{9}-\frac{4}{27}+\frac{1}{3}=$

❻ $\frac{1}{12}+\frac{2}{5}-\frac{1}{4}=$

❼ $\frac{6}{7}-\frac{3}{4}+\frac{5}{8}=$

두 분수씩 통분하여 계산하거나 한꺼번에 통분하여 계산하는 방법 중 자신이 편한 방법을 선택해서 계산하면 돼요.

계산하세요.

❶ $\frac{2}{5}+\frac{1}{2}-\frac{2}{3}=$

①
②

❷ $\frac{3}{5}-\frac{1}{2}+\frac{3}{4}=$

①
②

계산 순서도 표시해요!

❸ $\frac{3}{8}+\frac{1}{10}-\frac{2}{5}=$

❹ $\frac{3}{4}-\frac{9}{16}+\frac{1}{8}=$

❺ $\frac{1}{6}+\frac{7}{9}-\frac{8}{27}=$

❻ $\frac{3}{4}-\frac{1}{12}+\frac{3}{8}=$

❼ $\frac{5}{9}+\frac{5}{6}-\frac{1}{12}=$

계산 순서를 표시하는 게 혼합 계산을 잘하는 첫 번째 비결이에요!

계산하세요.

❶ $1\frac{1}{4}+\frac{3}{4}-\frac{1}{4}=\frac{\square}{4}+\frac{3}{4}-\frac{1}{4}=\frac{\square}{4}-\frac{1}{4}=\frac{\square}{4}=\square\frac{\square}{4}$

①

②

❷ $2\frac{1}{8}-\frac{5}{8}+\frac{1}{2}=\frac{\square}{8}-\frac{5}{8}+\frac{4}{8}=\frac{\square}{8}+\frac{4}{8}=\frac{\square}{8}=\square$

①

②

계산 순서도 표시해요!

❸ $\frac{1}{6}+1\frac{1}{5}-\frac{2}{3}=$

❹ $1\frac{2}{3}-\frac{7}{8}+\frac{1}{12}=$

❺ $\frac{7}{8}+\frac{9}{20}-1\frac{1}{5}=$

❻ $1\frac{2}{5}-\frac{8}{9}+\frac{13}{15}=$

❼ $\frac{4}{5}+1\frac{1}{14}-\frac{4}{7}=$

도전! 땅 짚고 헤엄치는 문장제

기초 문장제로 연산의 기본 개념을 익혀 봐요!

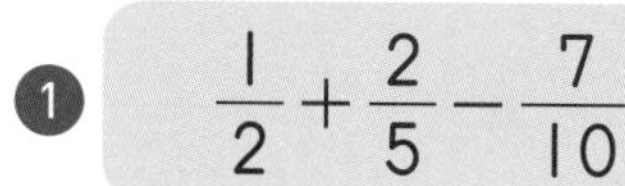

식을 읽은 문장을 완성하세요.

- + ➡ 합, 더하고, 더한
- − ➡ 차, 빼고, 뺀

❶ $\frac{1}{2}+\frac{2}{5}-\frac{7}{10}$

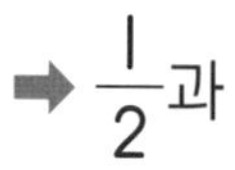

➡ $\frac{1}{2}$과 ☐의 합에서 ☐을 뺍니다.

하나의 식으로 나타내고 계산하세요.

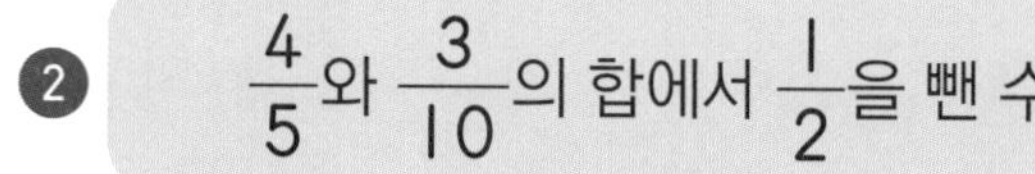

❷ $\frac{4}{5}$와 $\frac{3}{10}$의 합에서 $\frac{1}{2}$을 뺀 수

식 $\frac{4}{5}$ ◯ $\frac{3}{10}$ ◯ $\frac{1}{2}$ = ☐

답 ____________

❸ $1\frac{3}{7}$에서 $\frac{2}{3}$를 빼고 $\frac{4}{21}$를 더한 수

식 ____________

답 ____________

❷ 문장을 끊어 읽으면 하나의 식으로 나타내기 쉬워요.

$\frac{4}{5}$와 $\frac{3}{10}$의 합에서 / $\frac{1}{2}$을 뺀 수

$\frac{4}{5}+\frac{3}{10}$ $\quad -\frac{1}{2}$

바빠 혼합 계산
04

곱셈과 나눗셈이 섞여 있으면 나눗셈을 곱셈으로 바꿔

✪ $\frac{1}{3} \div \frac{2}{5} \times \frac{7}{10}$의 계산

방법1 앞에서부터 차례로 계산합니다.

앞에서부터 차례로!

$$\frac{1}{3} \div \frac{2}{5} \times \frac{7}{10} = \frac{1}{3} \times \frac{5}{2} \times \frac{7}{10} = \frac{\overset{1}{\cancel{5}}}{6} \times \frac{7}{\underset{2}{\cancel{10}}} = \frac{7}{12}$$

❶ ❷ ❶ ❷

방법2 나눗셈을 곱셈으로 바꾼 다음 세 분수의 곱으로 계산합니다.

$$\frac{1}{3} \div \frac{2}{5} \times \frac{7}{10} = \frac{1}{3} \times \frac{\overset{1}{\cancel{5}}}{2} \times \frac{7}{\underset{2}{\cancel{10}}} = \frac{7}{12}$$

앗! 실수

$$\frac{1}{3} \div \frac{\overset{1}{\cancel{2}}}{5} \times \frac{7}{\underset{5}{\cancel{10}}} = \frac{1}{3} \div \frac{7}{25} = \frac{1}{3} \times \frac{25}{7}$$

$$= \frac{25}{21} = 1\frac{4}{21} (\times)$$

❶ ❷

계산 순서를 틀리면
답은 안드로메다로…….

곱셈과 나눗셈이 섞여 있는 분수의 계산은
나눗셈을 곱셈으로 바꾼 다음 세 분수의 곱으로 풀 수 있어요.

계산하세요.

❶ $\frac{1}{4} \div \frac{3}{4} \times \frac{1}{6} = \frac{1}{\cancel{4}_{1}} \times \frac{\cancel{4}^{1}}{\square} \times \frac{1}{6} = \frac{\square}{\square}$

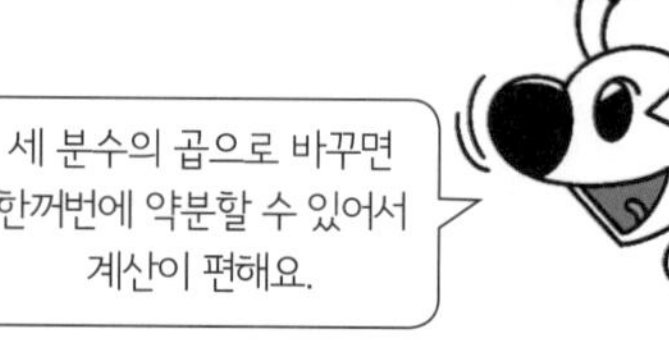

세 분수의 곱으로 바꾸면
한꺼번에 약분할 수 있어서
계산이 편해요.

❷ $\frac{3}{5} \times \frac{2}{3} \div \frac{6}{7} =$

❸ $\frac{5}{8} \div \frac{1}{2} \times \frac{4}{5} =$

❹ $\frac{7}{10} \times \frac{5}{6} \div \frac{2}{3} =$

❺ $\frac{1}{8} \div \frac{4}{5} \times \frac{2}{15} =$

❻ $\frac{9}{16} \times \frac{2}{9} \div \frac{5}{8} =$

❼ $\frac{9}{10} \div \frac{3}{4} \times \frac{2}{7} =$

약분하여 계산하면 어렵지 않을 거예요.
이때 약분은 곱셈 부분에서만 가능하다는 것에 주의해요.

🐾 계산하세요.

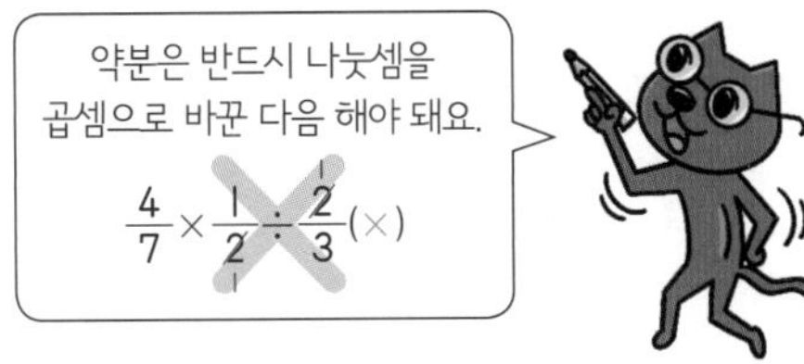

❶ $\frac{4}{7}\times\frac{1}{2}\div\frac{2}{3}=$

❷ $\frac{3}{7}\div\frac{1}{2}\times\frac{7}{9}=$

❸ $\frac{4}{5}\times\frac{1}{12}\div\frac{3}{4}=$

❹ $\frac{8}{9}\div\frac{4}{15}\times\frac{2}{3}=$

❺ $\frac{5}{12}\times\frac{9}{20}\div\frac{7}{8}=$

❻ $\frac{7}{11}\div\frac{3}{8}\times\frac{3}{4}=$

❼ $\frac{14}{15}\times\frac{9}{10}\div\frac{7}{12}=$

대분수는 가분수로 바꿔서 계산하고,
곱셈식에서 약분할 수 있는지 확인해요.

계산하세요.

❶ $\frac{2}{9} \times 1\frac{1}{5} \div \frac{2}{7} = \frac{\overset{1}{\cancel{2}}}{\underset{3}{\cancel{9}}} \times \frac{\overset{2}{\cancel{6}}}{5} \times \frac{\square}{\underset{1}{\cancel{2}}} = \frac{\square}{\square}$

❷ $1\frac{3}{5} \div \frac{3}{4} \times \frac{1}{8} =$

❸ $1\frac{2}{7} \times \frac{2}{9} \div \frac{3}{10} =$

❹ $2\frac{1}{6} \div \frac{3}{5} \times \frac{3}{13} =$

❺ $\frac{2}{15} \times 2\frac{1}{2} \div \frac{2}{7} =$

❻ $3\frac{1}{8} \div \frac{5}{7} \times \frac{9}{14} =$

❼ $\frac{3}{5} \times \frac{8}{9} \div 1\frac{1}{9} =$

도전! 땅 짚고 헤엄치는 문장제

기초 문장제로 연산의 기본 개념을 익혀 봐요!

식을 읽은 문장을 완성하세요.

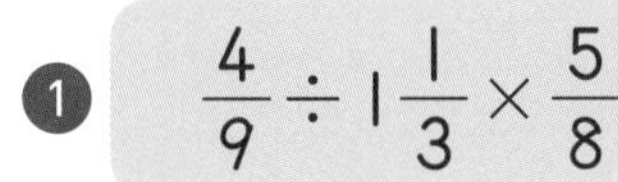

❶ $\frac{4}{9} \div 1\frac{1}{3} \times \frac{5}{8}$

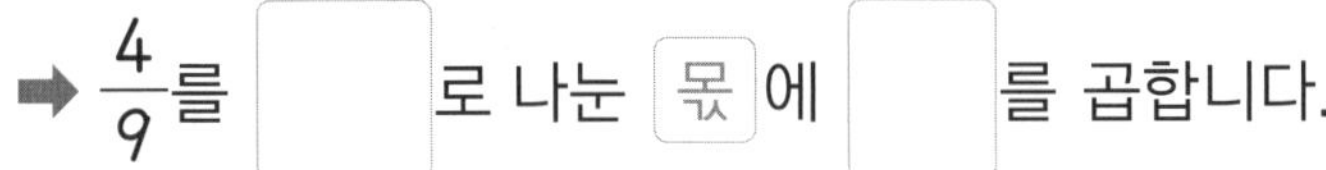

➡ $\frac{4}{9}$를 [ ] 로 나눈 몫 에 [ ] 를 곱합니다.

- × ➡ 곱한, ●배
- ÷ ➡ 나눈 몫

하나의 식으로 나타내고 계산하세요.

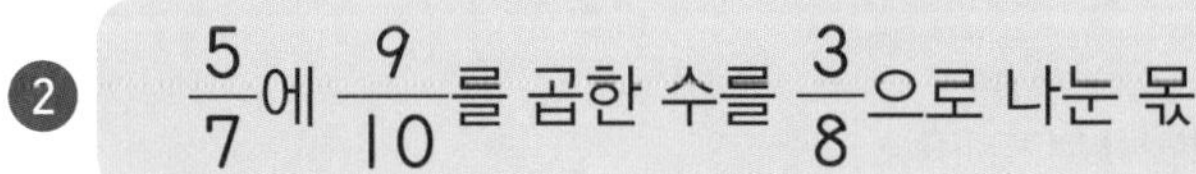

❷ $\frac{5}{7}$에 $\frac{9}{10}$를 곱한 수를 $\frac{3}{8}$으로 나눈 몫

식 $\frac{5}{7}$ ○ $\frac{9}{10}$ ○ $\frac{3}{8}$ = [ ]

답 ______

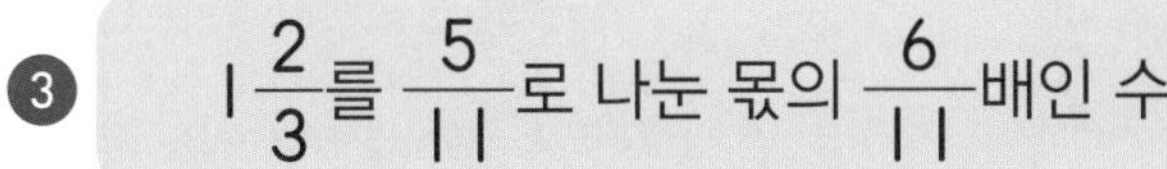

❸ $1\frac{2}{3}$를 $\frac{5}{11}$로 나눈 몫의 $\frac{6}{11}$배인 수

식 ______

답 ______

❷ 문장을 끊어 읽으면 하나의 식으로 나타내기 쉬워요.

$\frac{5}{7}$에 $\frac{9}{10}$를 곱한 수를 / $\frac{3}{8}$으로 나눈 몫

$\frac{5}{7} \times \frac{9}{10}$ $\div \frac{3}{8}$

먼저 계산하는 곱셈과 나눗셈을 덩어리로 묶어

덧셈, 뺄셈, 곱셈(나눗셈)이 섞여 있는 식은 곱셈 (나눗셈) 먼저 계산합니다.

☆ $\frac{2}{3}+\frac{2}{9}\times\frac{3}{4}-\frac{1}{3}$의 계산

곱셈 먼저!

$$\frac{2}{3}+\frac{2}{9}\times\frac{3}{4}-\frac{1}{3}=\frac{2}{3}+\frac{1}{6}-\frac{1}{3}$$
$$=\frac{4}{6}+\frac{1}{6}-\frac{2}{6}$$
$$=\frac{5}{6}-\frac{2}{6}=\frac{3}{6}=\frac{1}{2}$$

❶ ❷ ❸

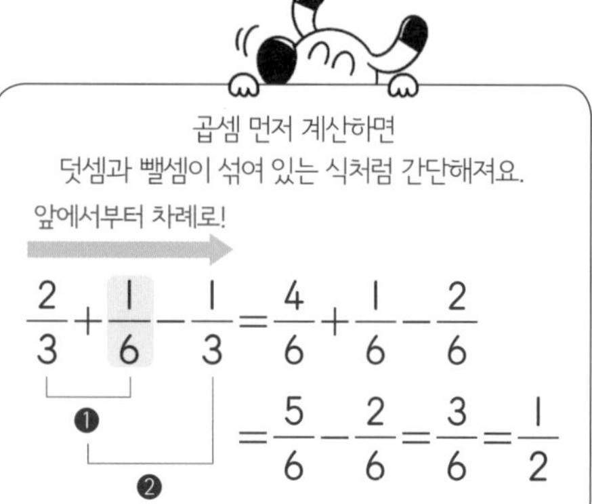

곱셈 먼저 계산하면
덧셈과 뺄셈이 섞여 있는 식처럼 간단해져요.
앞에서부터 차례로!
2/3 + 1/6 − 1/3 = 4/6 + 1/6 − 2/6
= 5/6 − 2/6 = 3/6 = 1/2
❶
❷

☆ $\frac{3}{4}-\frac{1}{2}+\frac{3}{10}\div\frac{2}{5}$의 계산

나눗셈 먼저!

$$\frac{3}{4}-\frac{1}{2}+\frac{3}{10}\div\frac{2}{5}=\frac{3}{4}-\frac{1}{2}+\frac{3}{10}\times\frac{5}{2}$$
$$=\frac{3}{4}-\frac{1}{2}+\frac{3}{4}$$
$$=\frac{3}{4}-\frac{2}{4}+\frac{3}{4}=\frac{1}{4}+\frac{3}{4}=\frac{4}{4}=1$$

❶ ❷ ❸

나눗셈을 곱셈으로 바꾸면 덧셈, 뺄셈, 곱셈이 섞여 있는 식이 되므로 곱셈을 먼저 계산해요.

A

무조건 앞에서부터 계산하면 안 돼요.
덧셈, 뺄셈이 곱셈과 섞여 있으면 곱셈이 먼저예요!

곱셈 부분을 ( )로 묶고 계산하세요.

❶ $\frac{2}{3}+\left(\frac{\overset{1}{\cancel{7}}}{\underset{3}{\cancel{9}}}\times\frac{\overset{2}{\cancel{6}}}{\underset{1}{\cancel{7}}}\right)-\frac{1}{3}=\frac{2}{3}+\frac{\square}{3}-\frac{\square}{3}$

$=\frac{\square}{3}=\square$

①, ②, ③

가장 먼저 계산하는
곱셈을 한 덩어리로
생각하고 묶어요!
2/3 + (7/9 × 6/7) − 1/3

❷ $\frac{11}{12}-\frac{2}{3}+\frac{1}{2}\times\frac{5}{6}=$

②, ①, ③

계산 순서도 표시해요!

❸ $\frac{4}{5}\times\frac{1}{16}+\frac{1}{2}-\frac{1}{4}=$

❹ $\frac{1}{3}-\frac{3}{20}\times\frac{4}{9}+\frac{7}{30}=$

❺ $\frac{9}{16}+\frac{1}{4}-\frac{7}{8}\times\frac{3}{28}=$

❻ $\frac{3}{4}-\frac{7}{12}\times\frac{4}{21}+\frac{1}{2}=$

곱셈식에서 약분한 다음 곱하면 계산하기 훨씬 쉬워요.

곱셈 부분을 ◯로 묶고 계산하세요.

❶ $\underbrace{\underbrace{1\frac{1}{2}-\frac{1}{6}}_{②}+\underbrace{\frac{\overset{1}{\cancel{4}}}{\underset{1}{\cancel{5}}}\times\frac{\overset{1}{\cancel{5}}}{\underset{2}{\cancel{8}}}}_{①}}_{③}=\frac{\square}{2}-\frac{1}{6}+\frac{\square}{2}=\frac{\square}{6}-\frac{1}{6}+\frac{3}{6}=\frac{\square}{6}=\square\frac{\square}{6}$

❷ $\underbrace{\underbrace{\underbrace{\frac{7}{9}\times\frac{6}{7}}_{①}+1\frac{1}{9}}_{②}-\frac{1}{3}}_{③}=$

❸ $\frac{2}{3}-\frac{1}{6}\times\frac{4}{5}+1\frac{1}{5}=$

❹ $\frac{1}{6}+1\frac{2}{3}-\frac{3}{10}\times\frac{5}{6}=$

❺ $\frac{3}{8}-1\frac{2}{5}\times\frac{3}{14}+\frac{1}{4}=$

❻ $\frac{2}{7}+\frac{5}{6}-\frac{3}{11}\times1\frac{5}{6}=$

덧셈, 뺄셈, 나눗셈이 섞여 있는 식도 나눗셈을 먼저 계산해야 해요.
이때 나눗셈을 곱셈으로 바꾸면
덧셈, 뺄셈, 곱셈이 섞여 있는 식이 되므로 곱셈이 먼저예요!

나눗셈 부분을 ( )로 묶고 계산하세요.

❶ $\frac{5}{8}-\left(\frac{1}{6}\div\frac{4}{9}\right)+\frac{1}{8}=\frac{5}{8}-\frac{1}{\cancel{6}_{2}}\times\frac{\cancel{9}^{3}}{\square}+\frac{1}{8}$

$=\frac{5}{8}-\frac{3}{\square}+\frac{1}{8}=\frac{\square}{\square}$

①, ②, ③

가장 먼저 계산하는
나눗셈을 한 덩어리로
생각하고 묶어요!

❷ $\frac{5}{6}+\frac{1}{2}-\frac{3}{5}\div\frac{9}{10}=$

①, ②, ③

계산 순서도 표시해요!

❸ $\frac{2}{7}\div\frac{3}{7}-\frac{5}{12}+\frac{1}{4}=$

❹ $\frac{1}{2}+\frac{3}{10}\div\frac{7}{15}-\frac{2}{7}=$

❺ $\frac{9}{16}-\frac{1}{2}+\frac{11}{12}\div\frac{22}{27}=$

❻ $\frac{7}{40}\div\frac{7}{8}+\frac{3}{4}-\frac{9}{10}=$

계산 순서를 표시하지 않고 암산하면 실수하기 쉬워요.
자신이 있더라도 계산 순서를 표시하는 습관이 중요해요!

나눗셈 부분을 ( )로 묶고 계산하세요.

❶ $1\frac{1}{3}+\frac{5}{9}-\left(\frac{1}{4}\div\frac{3}{8}\right)=\frac{\square}{3}+\frac{5}{9}-\frac{1}{4}\times\frac{8}{\square}=\frac{\square}{3}+\frac{5}{9}-\frac{2}{\square}$

②, ①, ③

$=\frac{\square}{9}+\frac{5}{9}-\frac{6}{\square}=\frac{\square}{9}=\square\frac{\square}{9}$

❷ $\frac{3}{4}-\frac{1}{3}\div\frac{4}{7}+1\frac{1}{6}=$

①, ②, ③

계산 순서도 표시해요!

❸ $\frac{2}{15}\div\frac{3}{5}+1\frac{2}{3}-\frac{11}{18}=$

❹ $1\frac{3}{4}-\frac{1}{5}+\frac{2}{13}\div\frac{4}{39}=$

❺ $\frac{5}{8}\div1\frac{1}{4}-\frac{1}{6}+\frac{3}{8}=$

❻ $\frac{4}{5}+\frac{9}{10}\div1\frac{4}{5}-\frac{7}{8}=$

도전! 땅 짚고 헤엄치는 문장제

기초 문장제로 연산의 기본 개념을 익혀 봐요!

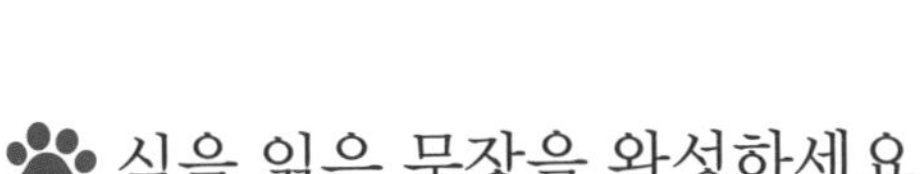

식을 읽은 문장을 완성하세요.

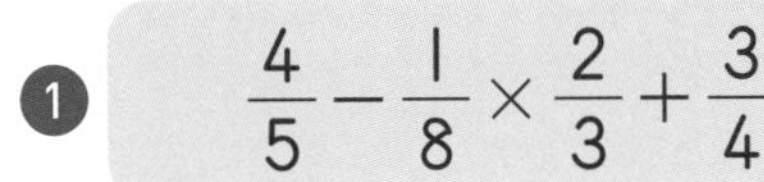

➡ $\frac{4}{5}$에서 $\square$ 과 $\frac{2}{3}$의 곱 을 빼고 $\square$ 을 더합니다.

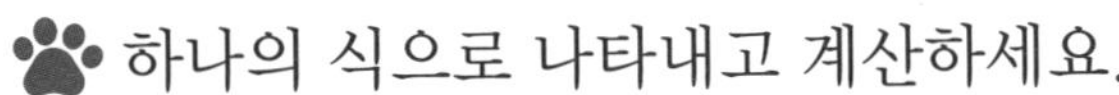

하나의 식으로 나타내고 계산하세요.

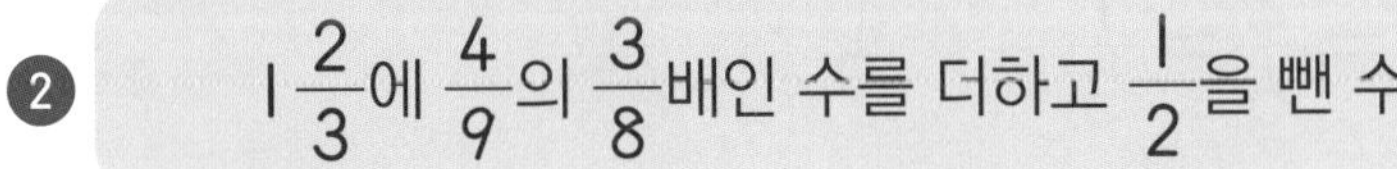

식 $1\frac{2}{3} \bigcirc \frac{4}{9} \bigcirc \frac{3}{8} \bigcirc \frac{1}{2} = \square$

답 ________

❸ $\frac{1}{2}$에서 $\frac{1}{6}$을 $\frac{5}{12}$로 나눈 몫을 빼고 $\frac{3}{4}$을 더한 수

식 ________

답 ________

- + ➡ 합, 더하고, 더한
- − ➡ 차, 빼고, 뺀
- × ➡ 곱한, ●배
- ÷ ➡ 나눈 몫

❷ 문장을 끊어 읽으면 하나의 식으로 나타내기 쉬워요.

$1\frac{2}{3}$에 / $\frac{4}{9}$의 $\frac{3}{8}$배인 수를 / 더하고 / $\frac{1}{2}$을 뺀 수

$1\frac{2}{3}$ $\frac{4}{9}\times\frac{3}{8}$ + $-\frac{1}{2}$

( )가 있으면 ( ) 안의 분수 계산을 가장 먼저!

덧셈, 뺄셈, 곱셈(나눗셈)이 섞여 있고 (괄호)가 있는 식은
( ) 안 ➡ 곱셈 (나눗셈) ➡ 덧셈, 뺄셈의 순서로 계산합니다.

☆ $\frac{3}{8}\times\left(\frac{7}{9}-\frac{1}{3}\right)+\frac{1}{6}$의 계산

( ) 안 먼저!

$$\frac{3}{8}\times\left(\frac{7}{9}-\frac{1}{3}\right)+\frac{1}{6}=\frac{3}{8}\times\left(\frac{7}{9}-\frac{3}{9}\right)+\frac{1}{6}$$

$$=\frac{\overset{1}{\cancel{3}}}{\underset{2}{\cancel{8}}}\times\frac{\overset{1}{\cancel{4}}}{\underset{3}{\cancel{9}}}+\frac{1}{6}$$

$$=\frac{1}{6}+\frac{1}{6}=\frac{2}{6}=\frac{1}{3}$$

❶ ❷ ❸

( ) 안 먼저 계산하면 곱셈과 덧셈이 섞여 있는 식처럼 간단해져요.

$$\frac{\overset{1}{\cancel{3}}}{\underset{2}{\cancel{8}}}\times\frac{\overset{1}{\cancel{4}}}{\underset{3}{\cancel{9}}}+\frac{1}{6}=\frac{1}{6}+\frac{1}{6}=\frac{2}{6}=\frac{1}{3}$$

❶ ❷

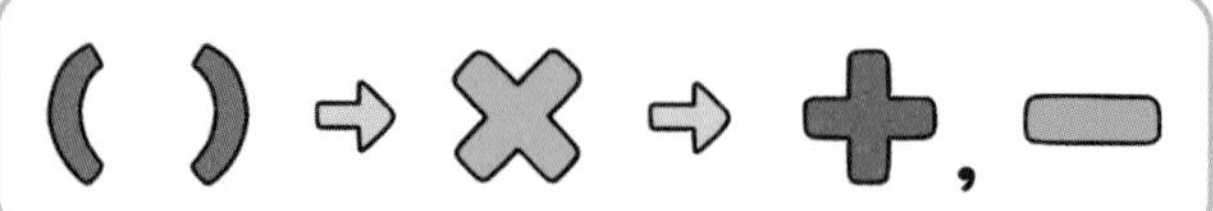

☆ $\frac{4}{5}-\frac{1}{6}\div\left(\frac{1}{3}+\frac{1}{2}\right)$의 계산

( ) 안 먼저!

$$\frac{4}{5}-\frac{1}{6}\div\left(\frac{1}{3}+\frac{1}{2}\right)=\frac{4}{5}-\frac{1}{6}\div\left(\frac{2}{6}+\frac{3}{6}\right)$$

$$=\frac{4}{5}-\frac{1}{6}\div\frac{5}{6}=\frac{4}{5}-\frac{1}{\underset{1}{\cancel{6}}}\times\frac{\overset{1}{\cancel{6}}}{5}$$

$$=\frac{4}{5}-\frac{1}{5}=\frac{3}{5}$$

❶ ❷ ❸

( ) 안을 계산한 다음 남은 뺄셈과 나눗셈 중에는 나눗셈이 먼저예요!

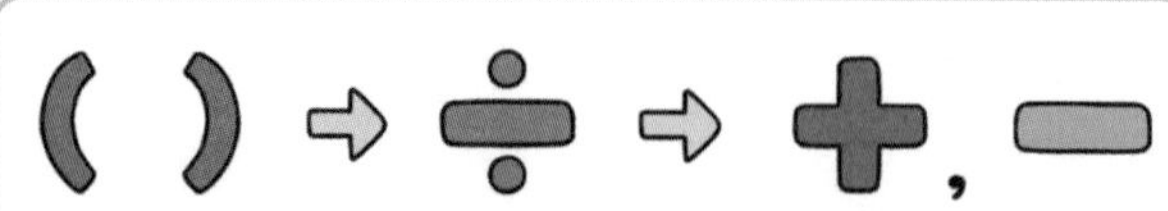

무조건 곱셈, 나눗셈 먼저 계산하면 안 돼요.
덧셈이나 뺄셈일지라도 (　)로 묶여 있으면 가장 먼저 계산해요.

( ) 안을 ⬭로 묶고 계산하세요.

❶ $\frac{7}{8}-\left(\frac{1}{2}+\frac{1}{4}\right)=\frac{7}{8}-\left(\frac{\square}{4}+\frac{1}{4}\right)$

①
②

$=\frac{7}{8}-\frac{\square}{4}=\frac{7}{8}-\frac{\square}{8}=\frac{\square}{8}$

❷ $\frac{1}{3}\div\left(\frac{5}{6}\times\frac{2}{3}\right)=$

①
②

계산 순서도 표시해요!

❸ $\left(\frac{8}{9}-\frac{2}{3}\right)\div\frac{2}{3}=$

❹ $1\frac{1}{2}-\left(\frac{1}{2}+\frac{3}{10}\right)=$

❺ $\left(\frac{2}{3}-\frac{1}{4}\right)\times1\frac{1}{5}=$

❻ $3\frac{2}{3}\div\left(\frac{5}{9}+\frac{2}{3}\right)=$

혼합 계산을 실수하는 이유 중 하나가 계산 순서를 표시하지 않고 암산하기 때문이에요. 자신이 있더라도 계산 순서를 표시하는 습관이 중요해요.

( ) 안을 ◯로 묶고 계산하세요.

❶ $\frac{5}{6}\times\left(\frac{1}{3}+\frac{1}{5}\right)-\frac{1}{3}=$

①

②

③

계산 순서도 표시해요!

❷ $\frac{1}{2}+\frac{2}{7}\times\left(\frac{3}{8}-\frac{1}{5}\right)=$

❸ $\frac{6}{7}\times\left(\frac{5}{6}-\frac{2}{15}\right)+\frac{1}{5}=$

❹ $\left(\frac{1}{6}+\frac{3}{8}\right)\times\frac{9}{13}-\frac{1}{8}=$

❺ $\frac{1}{3}+\left(\frac{2}{3}-\frac{1}{4}\right)\times\frac{2}{5}=$

❻ $\frac{4}{9}-\frac{6}{7}\times\left(\frac{1}{9}+\frac{1}{12}\right)=$

( ) 안을 덩어리로 묶으면 간단한 식이 돼요.
'덩어리 계산법'을 기억해요!

( ) 안을 (   )로 묶고 계산하세요.

❶ $\frac{1}{6} \div \left(\frac{1}{4} + \frac{1}{8}\right) - \frac{2}{9} =$

①
②
③

❷ $\frac{1}{4} + \frac{5}{6} \div \left(\frac{3}{4} - \frac{1}{3}\right) =$

❸ $\left(\frac{1}{2} + \frac{7}{10}\right) \div \frac{2}{5} - \frac{1}{2} =$

❹ $\frac{5}{6} + \left(\frac{1}{5} - \frac{1}{7}\right) \div \frac{4}{7} =$

❺ $\frac{6}{7} - \frac{3}{5} \div \left(\frac{4}{15} + \frac{2}{3}\right) =$

❻ $\frac{3}{8} \div \left(\frac{5}{8} - \frac{1}{3}\right) + \frac{4}{7} =$

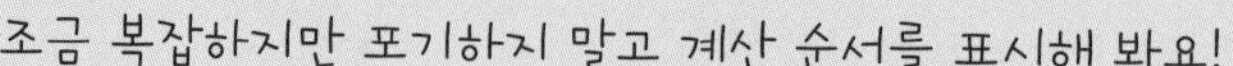

조금 복잡하지만 포기하지 말고 계산 순서를 표시해 봐요!

( ) 안을 ( )로 묶고 계산하세요.

❶ $\frac{7}{9}-1\frac{1}{2}\times\left(\frac{1}{9}+\frac{1}{3}\right)=\frac{7}{9}-\frac{\square}{2}\times\left(\frac{1}{9}+\frac{\square}{9}\right)$

①, ②, ③

$=\frac{7}{9}-\frac{\square}{2}\times\frac{\square}{9}=\frac{7}{9}-\frac{\square}{3}=\frac{7}{9}-\frac{\square}{9}=\frac{\square}{9}$

잘하고 있어요.
조금 더 힘내요!

❷ $1\frac{1}{4}\div\left(\frac{2}{3}-\frac{1}{4}\right)+\frac{1}{5}=$

①, ②, ③

계산 순서도
표시해요!

❸ $1\frac{3}{5}-\frac{1}{2}\times\left(1\frac{1}{2}+\frac{3}{5}\right)\div\frac{7}{8}=$

❹ $\left(\frac{5}{6}-\frac{2}{3}\right)\div\frac{5}{12}\times1\frac{1}{4}+\frac{1}{2}=$

❺ $\frac{1}{7}+\frac{5}{9}\times\left(\frac{4}{5}-\frac{1}{8}\right)\div1\frac{3}{4}=$

❻ $2\frac{1}{2}\div\left(\frac{1}{2}+\frac{1}{6}\right)\times\left(\frac{4}{5}-\frac{2}{3}\right)=$

도전! 땅 짚고 헤엄치는 문장제

기초 문장제로 연산의 기본 개념을 익혀 봐요!

식을 읽은 문장을 완성하세요.

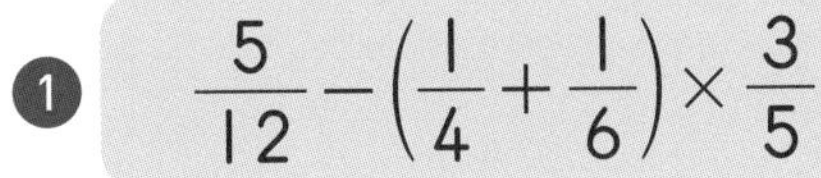

❶ $\frac{5}{12}-\left(\frac{1}{4}+\frac{1}{6}\right)\times\frac{3}{5}$

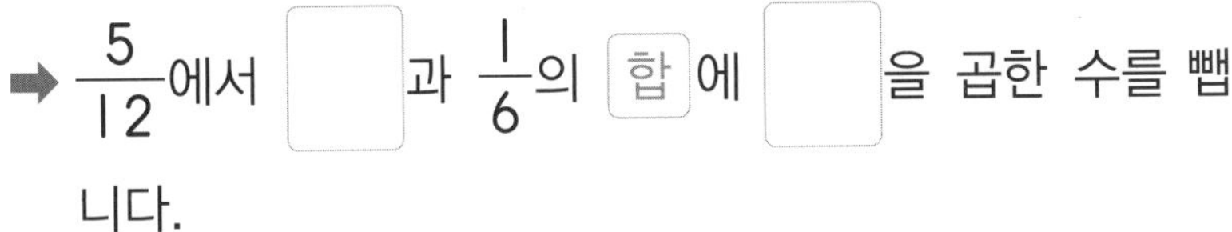

➡ $\frac{5}{12}$에서 ☐ 과 $\frac{1}{6}$의 합 에 ☐ 을 곱한 수를 뺍니다.

- + ➡ 합, 더하고, 더한
- − ➡ 차, 빼고, 뺀
- × ➡ 곱한, ●배
- ÷ ➡ 나눈 몫

밑줄 친 부분을 (　　) 안에 넣어 하나의 식으로 나타내고 계산하세요.

❷ <u>$\frac{5}{8}$와 $\frac{1}{4}$의 차</u>에 $1\frac{1}{3}$을 곱하고 $\frac{1}{8}$을 더한 수

식 $\left(\frac{5}{8}\bigcirc\frac{1}{4}\right)\bigcirc 1\frac{1}{3}\bigcirc\frac{1}{8}=$ ☐

답 ________

$1\frac{1}{3}$을 곱할 부분은 '$\frac{5}{8}$와 $\frac{1}{4}$의 차'예요.
밑줄 친 부분을 한 덩어리로 생각하고 (　)로 묶어요.

❸ $\frac{2}{3}$를 <u>$\frac{1}{3}$과 $\frac{1}{5}$의 합</u>으로 나눈 몫에서 $\frac{3}{4}$을 뺀 수

식 ________

답 ________

❷ 문장을 끊어 읽으면 하나의 식으로 나타내기 쉬워요.

$\frac{5}{8}$와 $\frac{1}{4}$의 차에 /	$1\frac{1}{3}$을 곱하고 /	$\frac{1}{8}$을 더한 수
$\left(\frac{5}{8}-\frac{1}{4}\right)$	$\times 1\frac{1}{3}$	$+\frac{1}{8}$

왜 곱셈을 덧셈보다 먼저 계산하게 약속했을까요?

$\frac{1}{4}+\frac{1}{4}\times 4$에서 $\frac{1}{4}\times 4$는 $\frac{1}{4}+\frac{1}{4}+\frac{1}{4}+\frac{1}{4}$을 간단히 한 것이므로

$\frac{1}{4}+\frac{1}{4}\times 4=\frac{1}{4}+\frac{1}{4}+\frac{1}{4}+\frac{1}{4}+\frac{1}{4}=\frac{5}{4}=1\frac{1}{4}$이에요.

$$\frac{1}{4}+\frac{1}{4}+\frac{1}{4}+\frac{1}{4}$$

$$\frac{1}{4}+\frac{1}{4}\times 4$$

그런데 덧셈을 먼저 계산한다면?

$\frac{1}{4}+\frac{1}{4}\times 4 \Rightarrow \frac{2}{4}\times 4=2$가 되므로 계산 결과가 달라져요.

이렇게 연산 기호가 두 개 이상인 혼합 계산은 어느 기호를 먼저 계산하느냐에 따라 계산 결과가 달라지기 때문에 어느 기호를 먼저 계산해야 하는지 약속을 정한 거랍니다.

둘째 마당

소수의 혼합 계산

둘째 마당에서는 소수의 혼합 계산을 배워요. 소수의 혼합 계산은 계산 순서를 잘 숙지했더라도 계산 결과의 소수점 위치를 잘못 찍어 틀리는 경우가 많아요. 07~08과에서는 먼저 소수의 곱셈과 나눗셈을 복습하면서 정확하게 푸는 연습을 할 거예요. 이제 집중해서 연습해 볼까요?

공부할 내용!	완료	10일 진도	20일 진도
07 소수점 아래 자리 수의 합에 맞춰 소수점 콕!	☐	4일차	7일차
08 나누는 수를 자연수로 만들어 몫을 구해	☐		8일차
09 덧셈과 뺄셈이 섞인 식은 앞에서부터!	☐	5일차	9일차
10 곱셈과 나눗셈이 섞인 식도 앞에서부터!	☐		10일차
11 곱셈과 나눗셈은 덧셈과 뺄셈보다 먼저!	☐	6일차	11일차
12 ( )가 있으면 ( ) 안의 소수 계산을 가장 먼저!	☐		12일차

기초 계산

소수점 아래 자리 수의 합에 맞춰 소수점 콕!

✪ 소수와 자연수의 곱셈

자연수의 곱셈과 같은 방법으로 계산한 다음 곱해지는 소수의 소수점과 같은 위치에 곱의 소수점을 찍습니다.

3.7×2 →

	3	7
×		2
	7	4

→

	3.	7
×		2
	7.	4

자연수의 곱셈처럼 계산하고~.

소수점을 콕!

✪ 소수의 곱셈

자연수의 곱셈과 같은 방법으로 계산한 다음 곱하는 두 수의 소수점 아래 자리 수의 합에 맞춰 곱의 소수점을 찍습니다.

	2	5
×	1	7
1	7	5
2	5	
4	2	5

	2.	5
×	1.	7
1	7	5
2	5	
4.	2	5

	2.	5
×	1.	7
4	2.	5

소수와 자연수의 곱셈은 자연수의 곱셈처럼 계산하고,
곱해지는 소수의 소수점과 같은 위치에 곱의 소수점을 찍어요.

계산하세요.

❶ $\begin{array}{r} 0.6 \\ \times \quad 3 \\ \hline \end{array}$

❷ $\begin{array}{r} 1.7 \\ \times \quad 4 \\ \hline \end{array}$

❸ $\begin{array}{r} 3.5 \\ \times \quad 9 \\ \hline \end{array}$

❹ $\begin{array}{r} 0.7 \\ \times \; 15 \\ \hline \end{array}$

❺ $\begin{array}{r} 1.8 \\ \times \; 23 \\ \hline \end{array}$

❻ $\begin{array}{r} 5.2 \\ \times \; 14 \\ \hline \end{array}$

❼ $\begin{array}{r} 0.04 \\ \times \quad 9 \\ \hline \end{array}$

❽ $\begin{array}{r} 6.04 \\ \times \quad 8 \\ \hline \end{array}$

❾ $\begin{array}{r} 0.19 \\ \times \; 25 \\ \hline \end{array}$

❿ $\begin{array}{r} 2.06 \\ \times \; 43 \\ \hline \end{array}$

⓫ $\begin{array}{r} 1.28 \\ \times \; 54 \\ \hline \end{array}$

소수의 곱셈은 자연수의 곱셈처럼 계산하고,
곱하는 두 수의 소수점 아래 자리 수의 합에 맞춰 곱의 소수점을 찍어요.

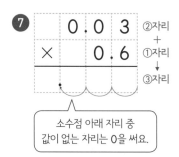

계산하세요.

1 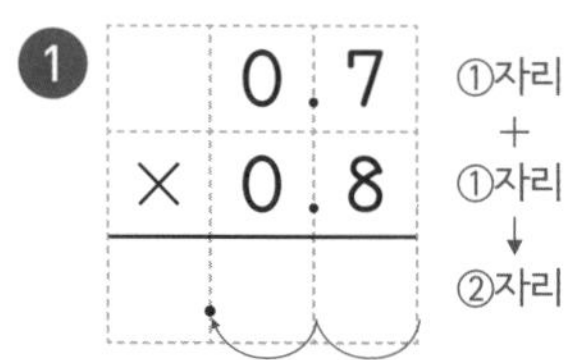

2 $\begin{array}{r} 1.3 \\ \times\ 2.4 \\ \hline \end{array}$

3 $\begin{array}{r} 3.5 \\ \times\ 1.7 \\ \hline \end{array}$

4 $\begin{array}{r} 0.2 \\ \times\ 7.9 \\ \hline \end{array}$

5 $\begin{array}{r} 4.8 \\ \times\ 3.6 \\ \hline \end{array}$

6 $\begin{array}{r} 7.2 \\ \times\ 6.3 \\ \hline \end{array}$

7 $\begin{array}{r} 0.03 \\ \times\ 0.6 \\ \hline \end{array}$ ②자리 + ①자리 → ③자리

소수점 아래 자리 중 값이 없는 자리는 0을 써요.

8 $\begin{array}{r} 0.12 \\ \times\ 0.8 \\ \hline \end{array}$

9 $\begin{array}{r} 2.04 \\ \times\ 1.9 \\ \hline \end{array}$

10 $\begin{array}{r} 4.92 \\ \times\ 2.7 \\ \hline \end{array}$

11 $\begin{array}{r} 2.36 \\ \times\ 0.42 \\ \hline \end{array}$

12 $\begin{array}{r} 6.45 \\ \times\ 0.59 \\ \hline \end{array}$

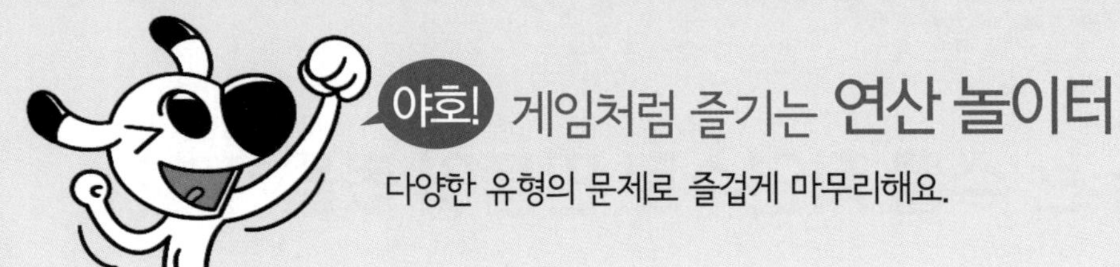
야호! 게임처럼 즐기는 연산 놀이터
다양한 유형의 문제로 즐겁게 마무리해요.

사다리 타기 놀이를 하고 있습니다. 주어진 식을 계산하여 사다리로 연결된 고양이에게 계산 결과를 써넣으세요.

0.4×8	0.23×5	2.3×3.1	0.45×1.2

기초 계산

나누는 수를 자연수로 만들어 몫을 구해

✪ 자릿수가 같은 소수의 나눗셈

나누는 수가 자연수 가 되도록 두 수에 10 또는 100을 곱해 자연수의 나눗셈으로 만들어 계산합니다.

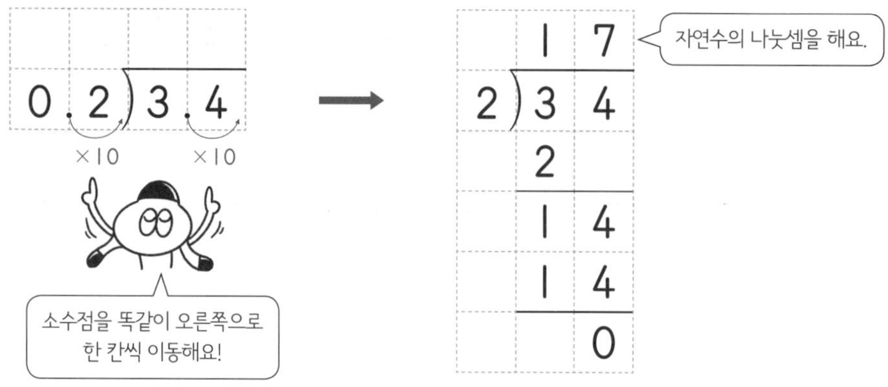

0.2)3.4
×10
×10
소수점을 똑같이 오른쪽으로 한 칸씩 이동해요!
17
2)34
2
14
14
0
자연수의 나눗셈을 해요.

✪ 자릿수가 다른 소수의 나눗셈

❶ 나누는 수 가 자연수가 되도록 두 수에 10 또는 100을 곱해 계산합니다.

❷ 몫 의 소수점의 위치는 나누어지는 수의 옮겨진 소수점의 위치와 같습니다.

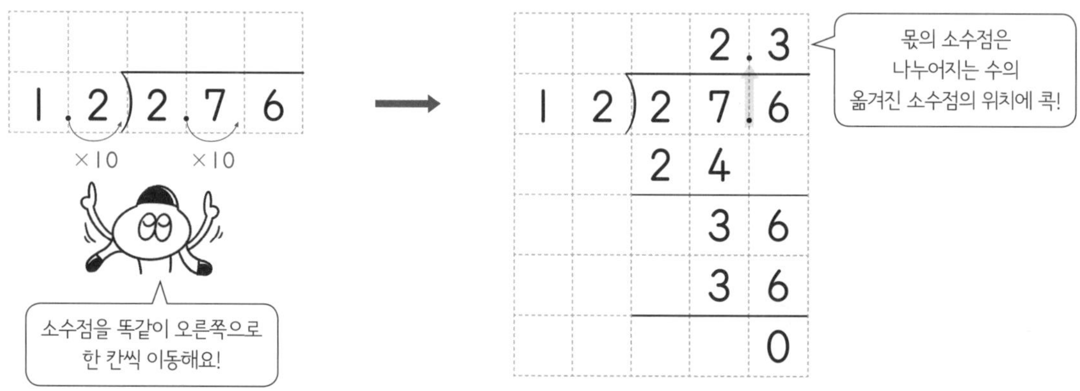

1.2)2.76
×10
×10
소수점을 똑같이 오른쪽으로 한 칸씩 이동해요!
2.3
12)27.6
24
36
36
0
몫의 소수점은 나누어지는 수의 옮겨진 소수점의 위치에 콕!

나를 자연수로 만들어야 계산이 편해져요!
몫의 소수점은 나의 새로운 소수점을 확인해서 찍어요!
나누는 수
나누어지는 수

나누는 수가 소수 한 자리 수이면 소수점을 오른쪽으로 한 칸씩,
소수 두 자리 수이면 소수점을 오른쪽으로 두 칸씩 이동해 나눗셈을 해요.

계산하세요.

❶ $0.2\overline{)3.2}$

❷ $1.2\overline{)7.2}$

❸ $2.8\overline{)5.6}$

❹ $0.8\overline{)12.8}$

❺ $0.5\overline{)21.5}$

❻ $0.7\overline{)32.2}$

❼ $0.04\overline{)1.52}$

❽ $0.12\overline{)1.08}$

❾ $0.23\overline{)1.15}$

❿ $1.02\overline{)6.12}$

⓫ $1.32\overline{)5.28}$

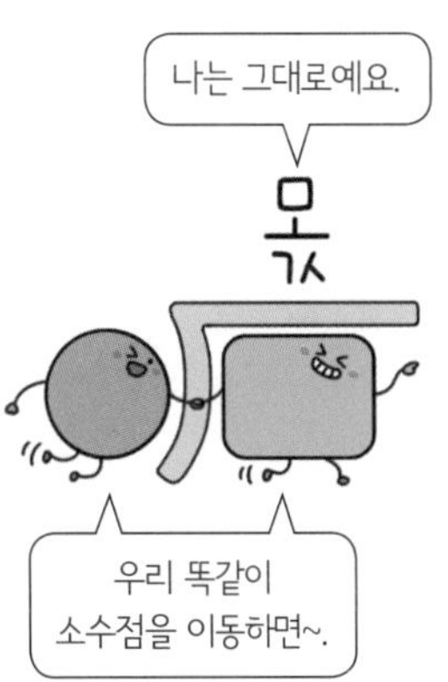

나는 그대로예요.
몫
우리 똑같이
소수점을 이동하면~.

$0.2\overline{)4.0} \Rightarrow 2\overline{)40}$ 소수점을 똑같이 이동할 때 나누어지는 수가 자연수이면 자연수에 0을 1개 붙여 써요.

계산하세요.

① $0.7\overline{)1.82}$

② $1.1\overline{)3.74}$

③ $1.4\overline{)2.38}$

④ $1.2\overline{)5.52}$

⑤ $2.6\overline{)8.06}$

⑥ $2.7\overline{)7.56}$

⑦ $0.2\overline{)1.0}$ 0을 1개 붙여 써요.

⑧ $0.6\overline{)9}$

⑨ $1.4\overline{)7}$

⑩ $0.8\overline{)24}$

⑪ $1.2\overline{)3}$

소수의 기초 계산
복습 완료!
이제 소수의 혼합 계산을
배워 볼까요?

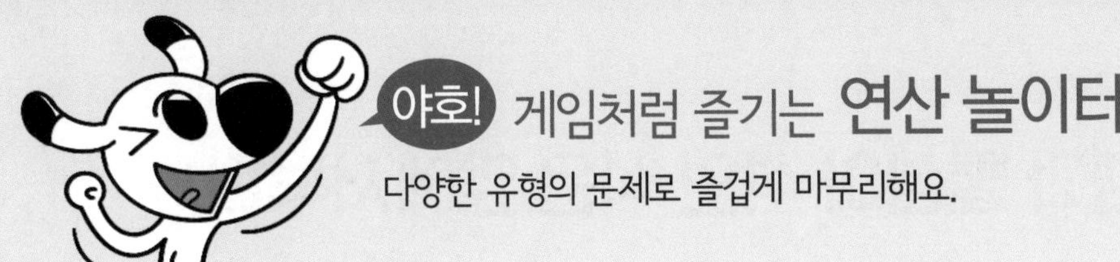

다음 식의 계산 결과에 해당하는 글자를 보기에서 찾아 아래 표의 빈칸에 차례로 써 넣으면 고사성어가 완성됩니다. 완성된 고사성어를 쓰세요.

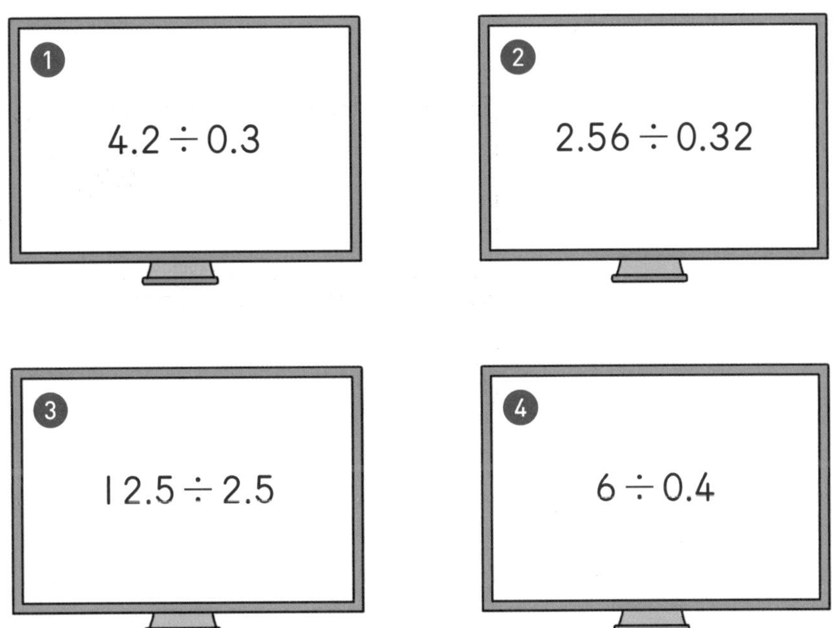

보기

5	22	15	14	20	8
지	봉	공	형	하	설

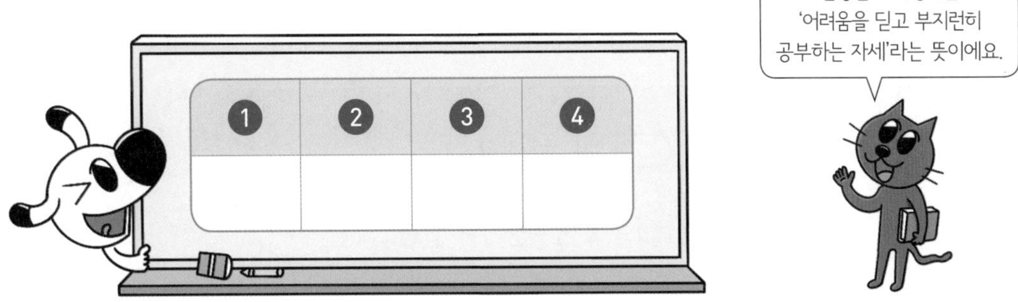

1
2
3
4
완성된 고사성어는 '어려움을 딛고 부지런히 공부하는 자세'라는 뜻이에요.

09 덧셈과 뺄셈이 섞인 식은 앞에서부터!

덧셈과 뺄셈이 섞여 있는 식은 앞에서부터 차례로 계산합니다.

✪ 3.5+1.64−2.1의 계산

앞에서부터 차례로!

3.5+1.64−2.1=3.04

❶ 5.14

❷ 3.04

소수점을 기준으로 자리를 맞추어 계산하고 소수점을 그대로 내려 찍어요.

✪ 2.3−1.4+0.6의 계산

앞에서부터 차례로!

2.3−1.4+0.6=1.5

❶ 0.9

❷ 1.5

앗! 실수
2.3−1.4+0.6=0.3(×)
❶ 2
❷ 0.3
계산 순서가 바뀌면 틀린 답이 나오니 주의해요!

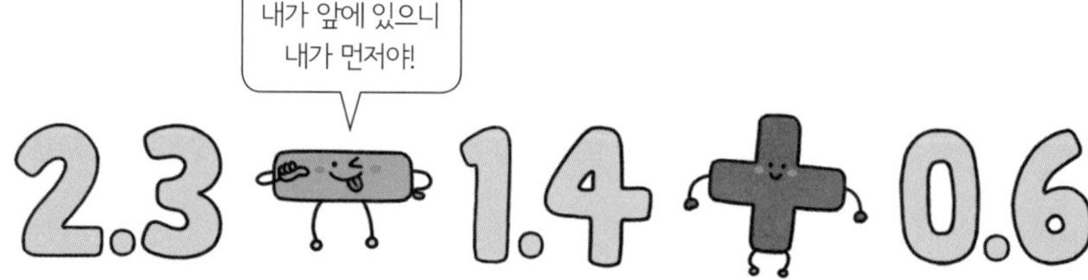

내가 앞에 있으니 내가 먼저야!
2.3 − 1.4 + 0.6

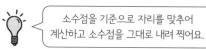

잠깐! 퀴즈

- 먼저 계산해야 할 부분에 ◯표 하세요.

4.3−2.7+1.04

정답 4.3−2.7에 ◯표

자연수의 덧셈과 뺄셈이 섞여 있는 식처럼
묻지도 따지지도 말고 앞에서부터 차례로 계산하면 돼요.

계산 순서를 표시하며 계산하세요.

❶ $3.4 - 2.5 + 0.7 =$ ☐

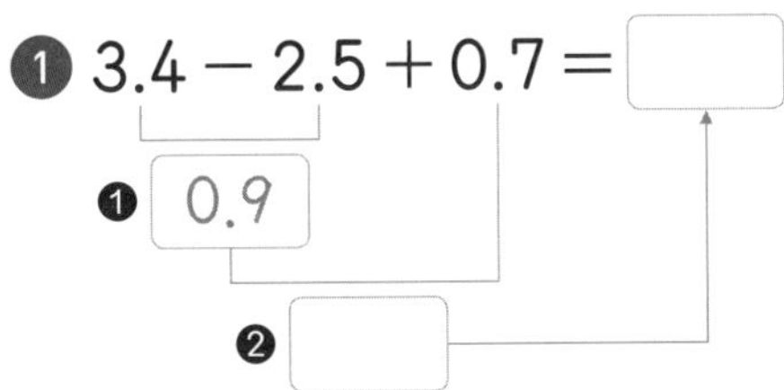

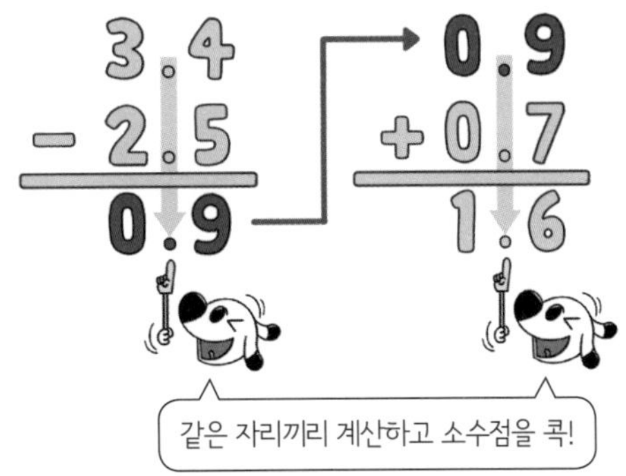

3.4
− 2.5
0.9
0.9
+ 0.7
1.6
같은 자리끼리 계산하고 소수점을 콕!

❷ $2.8 + 3.7 - 0.9 =$ ☐

❶ ☐

❷ ☐

❸ $4.2 - 2.3 + 3.8 =$ ☐

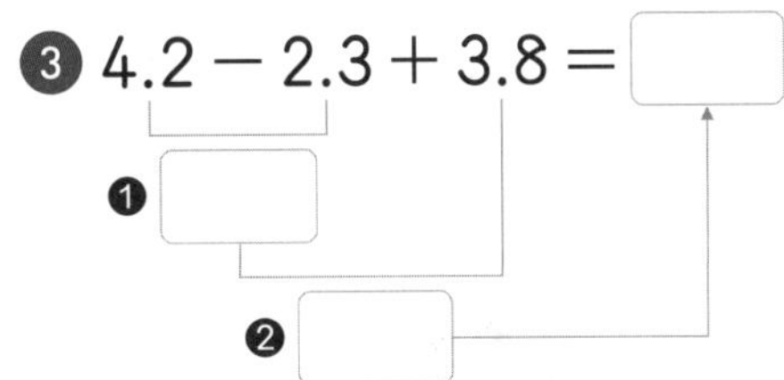

❹ $5.6 + 1.5 - 4.7 =$

①

②

계산 순서도 표시해요!

❺ $7.3 - 4.6 + 5.9 =$

❻ $6.8 + 3.2 - 5.7 =$

❼ $8.2 - 5.3 + 7.5 =$

소수점 아래 끝자리에 있는 0은 수의 크기가 변하지 않으므로 생략할 수 있어요.
1.400=1.40=1.4

계산 순서를 표시하며 계산하세요.

❶ $0.18+0.07-0.16=$ □

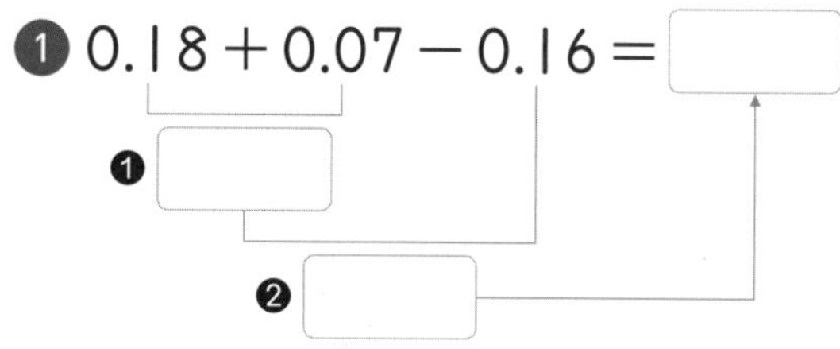

❷ $1.35-0.04+0.09=$ □

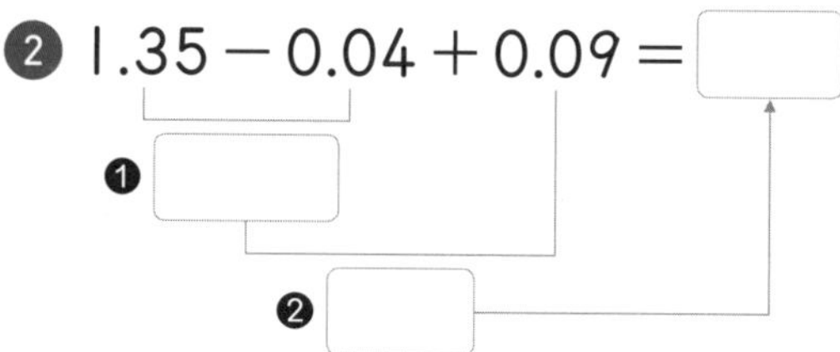

❸ $0.24+0.38-0.15=$

①

②

계산 순서도 표시해요!

❹ $2.65-0.43+5.09=$

❺ $1.07+0.45-0.32=$

❻ $3.54-2.31+5.28=$

❼ $6.43+0.38-4.16=$

❽ $7.15-4.53+0.25=$

$$\begin{array}{r} 3.52 \\ -\ 1.40 \\ \hline 2.12 \end{array} \rightarrow \begin{array}{r} 2.12 \\ +\ 0.80 \\ \hline 2.92 \end{array}$$

소수점을 기준으로 자리를 맞추어 계산하고
계산한 값에 소수점을 콕! 찍는 것을 기억해요.

계산 순서를 표시하며 계산하세요.

❶ $3.52 - 1.4 + 0.8 =$ ☐

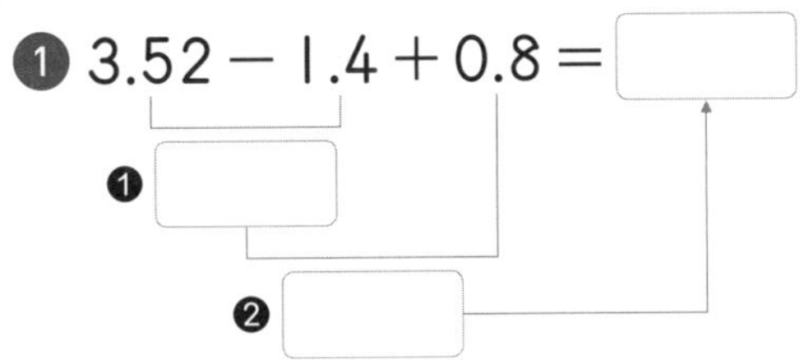

❷ $0.05 + 2.8 - 1.24 =$ ☐

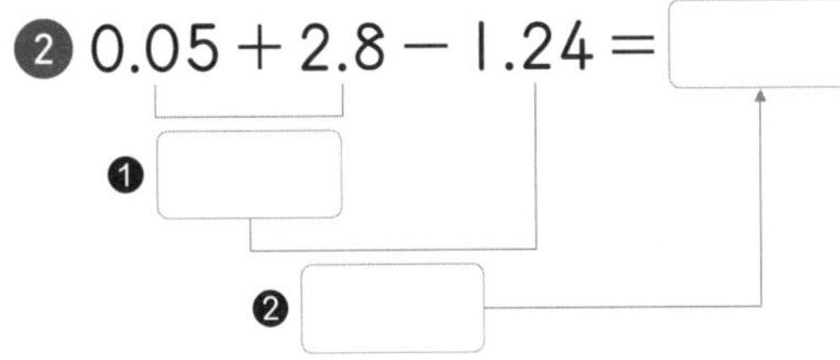

❸ $5.3 - 0.28 + 4.5 =$

①
②

계산 순서도 표시해요!

❹ $4.06 + 2.5 - 3.27 =$

❺ $6.2 - 1.05 + 0.23 =$

❻ $5.5 + 4.28 - 7.09 =$

❼ $9.15 - 4.6 + 0.25 =$

❽ $7.47 + 1.9 - 6.52 =$

도전! 땅 짚고 헤엄치는 문장제

기초 문장제로 연산의 기본 개념을 익혀 봐요!

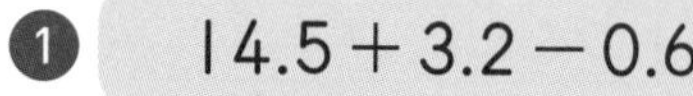

식을 읽은 문장을 완성하세요.

❶ 14.5 + 3.2 − 0.6

➡ 14.5와 [ ]의 [합]에서 [ ]을 뺍니다.

• + ➡ 합, 더하고, 더한
• − ➡ 차, 빼고, 뺀

❷ 5.83 − 0.4 + 3.7

➡ [ ]과 0.4의 [차]에 [ ]을 더합니다.

하나의 식으로 나타내고 계산하세요.

❸ 7.22와 1.5의 합에서 0.26을 뺀 수

식 7.22 ◯ 1.5 ◯ 0.26 = [ ]

답 ______

❹ 13.4에서 6.25를 빼고 9.2를 더한 수

식 ______

답 ______

❸ 문장을 끊어 읽으면 하나의 식으로 나타내기 쉬워요.

7.22와 1.5의 합에서 / 0.26을 뺀 수
7.22 + 1.5 −0.26

곱셈과 나눗셈이 섞인 식도 앞에서부터!

곱셈과 나눗셈이 섞여 있는 식은 앞 에서부터 차례로 계산합니다.

✪ 1.5×0.7÷0.3의 계산

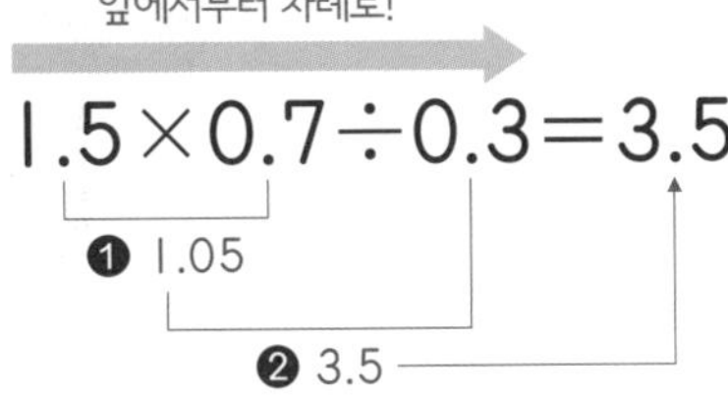

3.5
0.3) 1.0 5

✪ 7.2÷1.2×0.5의 계산

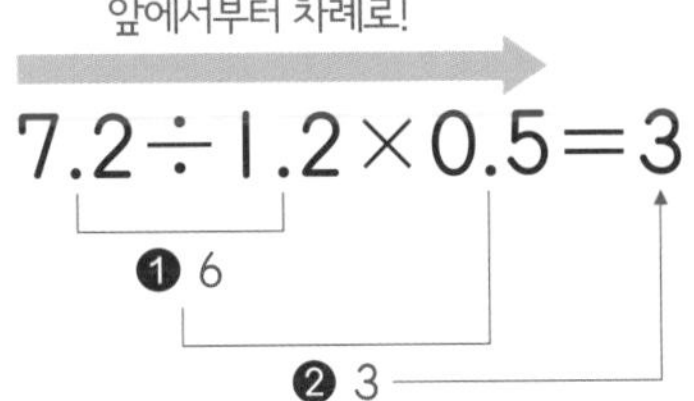

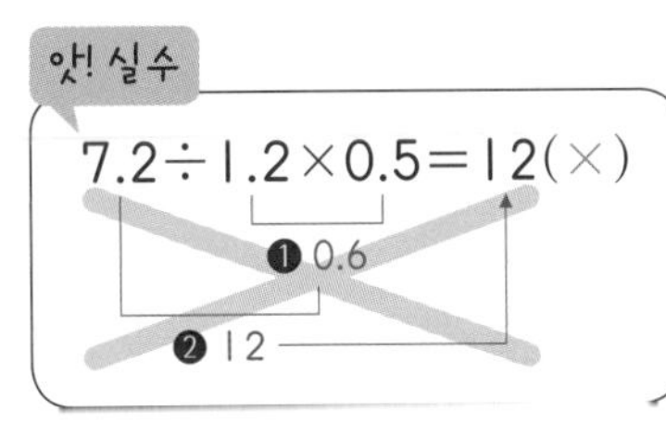

내가 앞에 있으니 내가 먼저야!

잠깐! 퀴즈

- 먼저 계산해야 할 부분에 ◯표 하세요.

9.1÷1.3×0.2

정답 9.1÷1.3에 ◯표

자연수의 곱셈과 나눗셈이 섞여 있는 식처럼
앞에서부터 차근차근 계산하면 돼요.

계산 순서를 표시하며 계산하세요.

❶ $0.5 \times 0.9 \div 0.3 =$ ☐

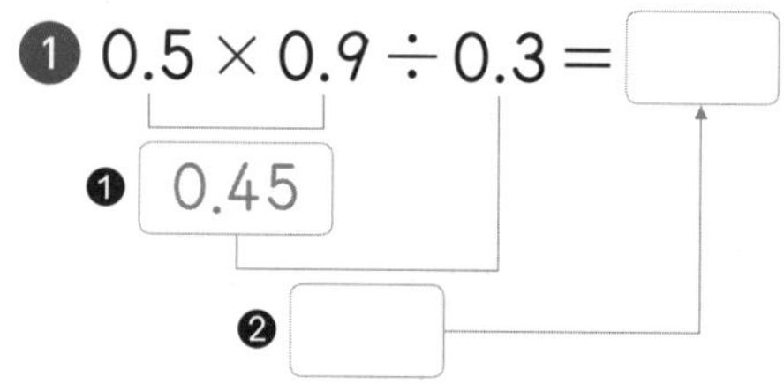

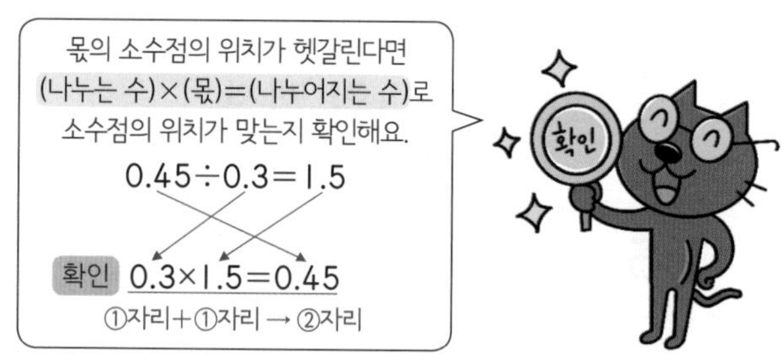

몫의 소수점의 위치가 헷갈린다면
(나누는 수)×(몫)=(나누어지는 수)로
소수점의 위치가 맞는지 확인해요.
0.45÷0.3=1.5
확인 0.3×1.5=0.45
①자리+①자리 → ②자리
확인

❷ $3.2 \div 0.4 \times 6.3 =$ ☐

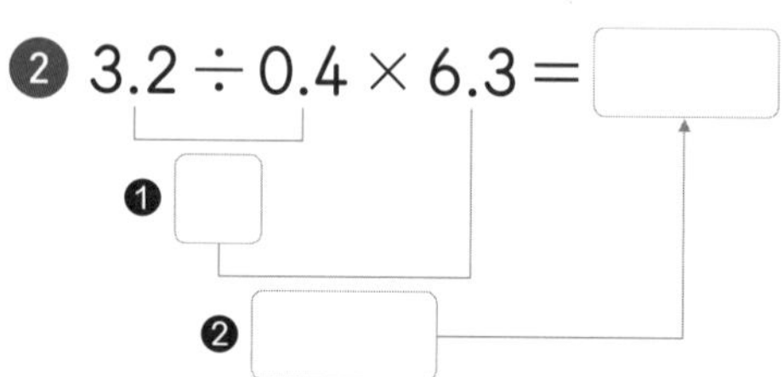

❸ $0.8 \times 4.5 \div 0.9 =$ ☐

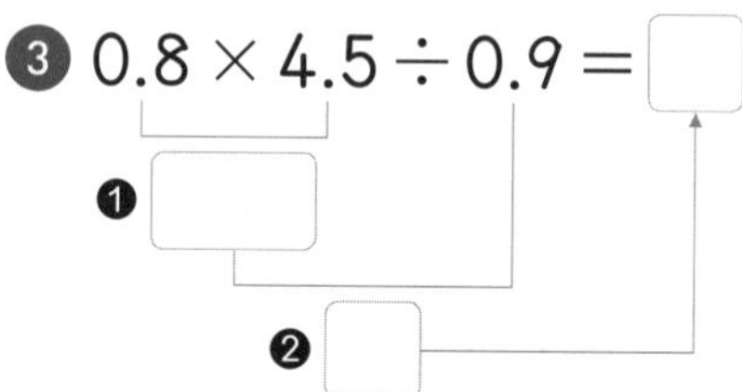

❹ $11.9 \div 1.7 \times 3.7 =$

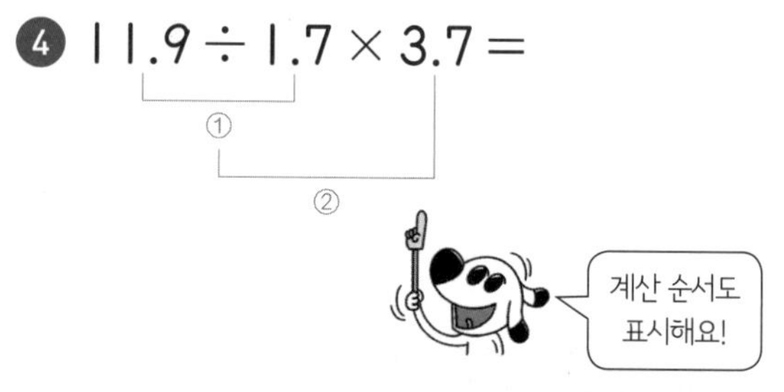

❺ $2.4 \times 0.6 \div 1.2 =$

❻ $7.8 \div 1.3 \times 4.8 =$

❼ $12.3 \times 0.3 \div 4.1 =$

$0.12\overline{)0.36} \Rightarrow 12\overline{)36}$ 나누는 수가 자연수가 되도록 소수점을 똑같이 이동하여 몫을 구해요.

계산 순서를 표시하며 계산하세요.

❶ $0.6 \times 2.1 \div 0.63 =$ □

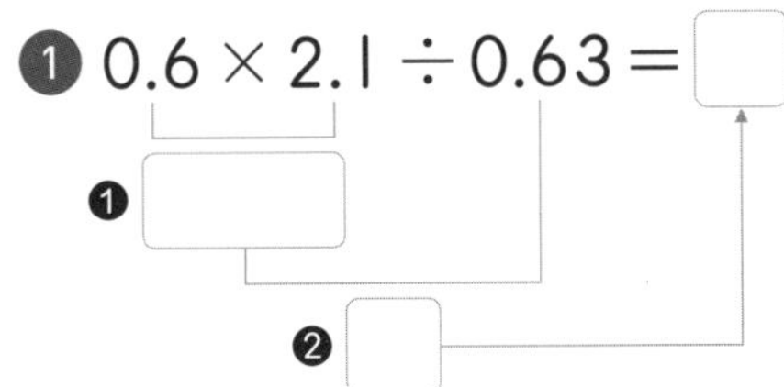

❷ $0.72 \div 0.04 \times 0.9 =$ □

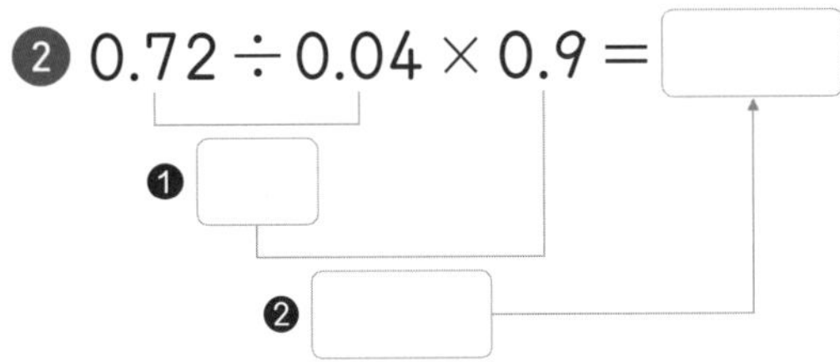

❸ $1.5 \times 1.3 \div 0.05 =$

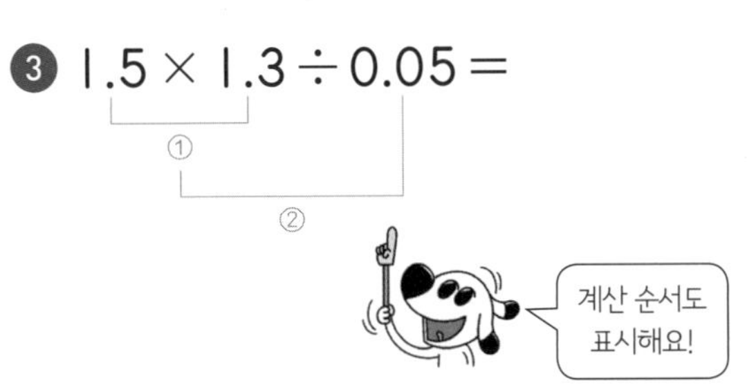

❹ $2.24 \div 0.07 \times 0.8 =$

❺ $10.2 \times 0.4 \div 0.24 =$

❻ $3.15 \div 0.15 \times 1.6 =$

❼ $13.2 \times 1.1 \div 3.63 =$

❽ $3.28 \div 0.04 \times 0.8 =$

$0.2\overline{)0.68}$ = 3.4

나누는 수가 자연수가 되도록 소수점을 똑같이 이동하고,
몫의 소수점은 나누어지는 수의 옮겨진 소수점의 위치에 콕!

계산 순서를 표시하며 계산하세요.

❶ $0.36 \div 1.2 \times 2.8 =$ ☐

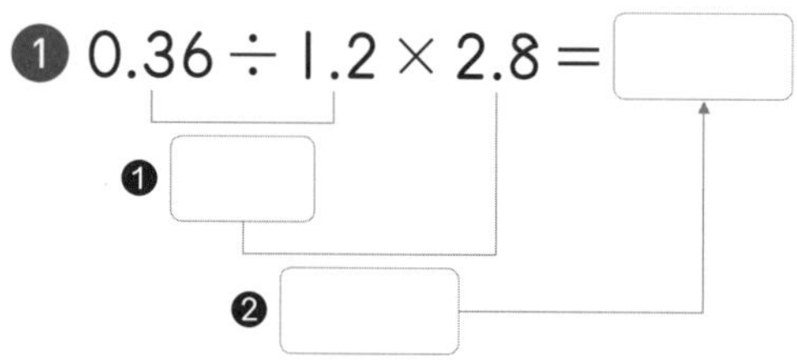

❷ $0.8 \times 1.4 \div 0.7 =$ ☐

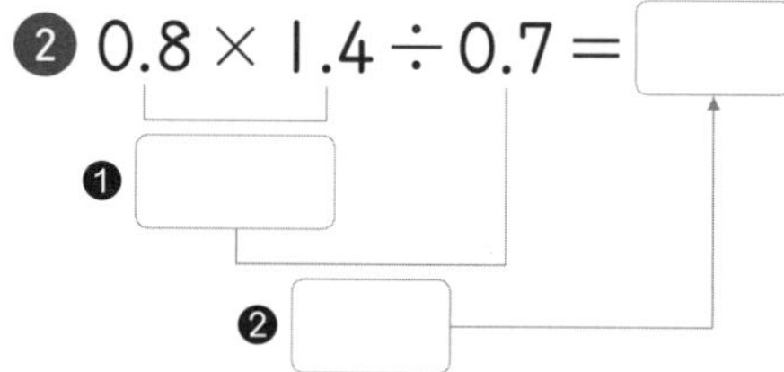

❸ $1.15 \div 2.3 \times 6.4 =$

①

②

계산 순서도 표시해요!

❹ $3.5 \times 0.9 \div 4.5 =$

❺ $1.44 \div 3.6 \times 4.7 =$

❻ $2.55 \times 0.8 \div 1.2 =$

❼ $3.64 \div 0.7 \times 2.4 =$

❽ $4.08 \times 1.5 \div 1.7 =$

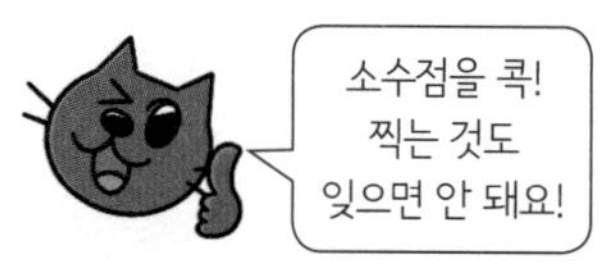

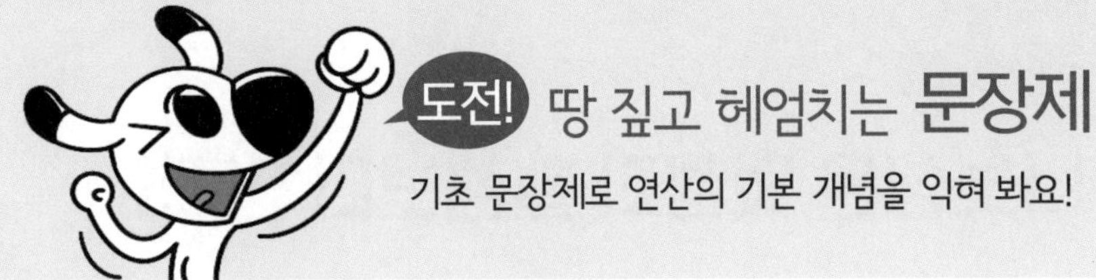

식을 읽은 문장을 완성하세요.

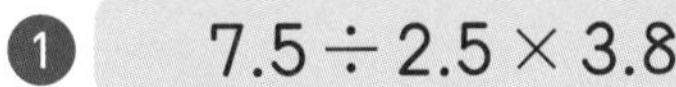

❶ $7.5 \div 2.5 \times 3.8$

➡ 7.5를 ☐ 로 나눈 [몫] 에 ☐ 을 곱합니다.

❷ $1.6 \times 0.7 \div 0.56$

➡ ☐ 의 0.7 [배] 인 수를 ☐ 으로 나눕니다.

• × ➡ 곱한, ●배
• ÷ ➡ 나눈 몫

하나의 식으로 나타내고 계산하세요.

❸ 2.8에 0.5를 곱한 수를 0.7로 나눈 몫

식 2.8 ◯ 0.5 ◯ 0.7 = ☐

답 ____________

❹ 10.5를 1.5로 나눈 몫의 3.4배인 수

식 ____________

답 ____________

❸ 문장을 끊어 읽으면 하나의 식으로 나타내기 쉬워요.
2.8에 0.5를 곱한 수를 / 0.7로 나눈 몫
2.8×0.5 $\div 0.7$

곱셈과 나눗셈은 덧셈과 뺄셈보다 먼저!

덧셈, 뺄셈, 곱셈(나눗셈)이 섞여 있는 식은 곱셈 (나눗셈) 먼저 계산합니다.

✪ 2.1+0.6×1.5−0.3의 계산

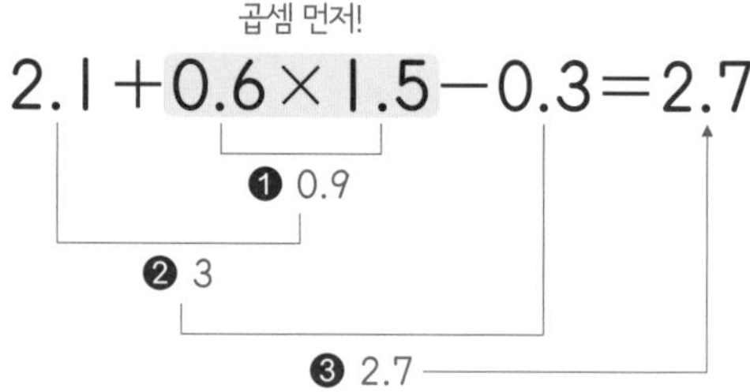

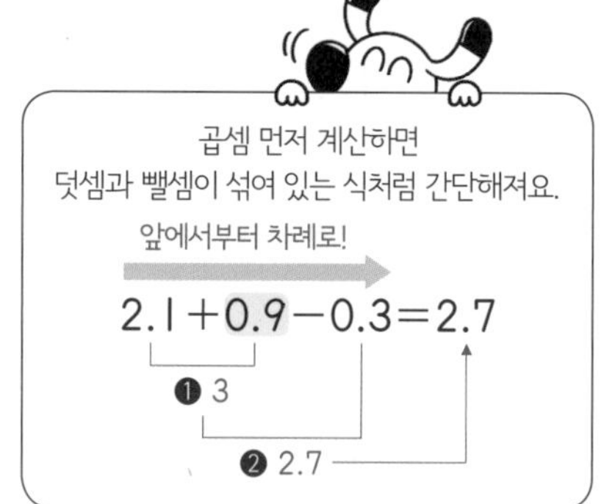

곱셈 먼저 계산하면
덧셈과 뺄셈이 섞여 있는 식처럼 간단해져요.
앞에서부터 차례로!
2.1+0.9−0.3=2.7
❶ 3
❷ 2.7

✪ 3.2−2.4+0.54÷0.9의 계산

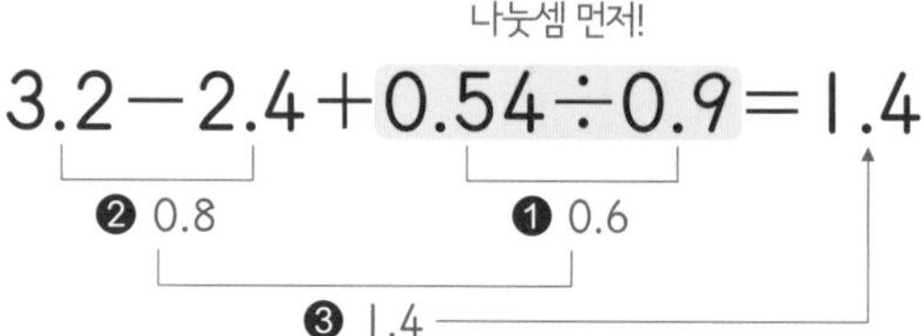

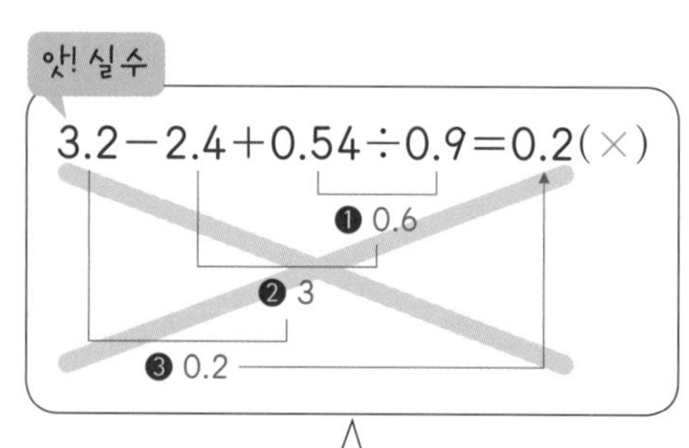

나눗셈을 계산한 다음 남은 덧셈, 뺄셈은 앞에서부터 차례로 계산해야 돼요.

쉬운 덧셈, 뺄셈부터 계산하고 싶겠지만 그러면 답이 완전히 달라져요.
곱셈을 먼저 계산해야 해요.

곱셈 부분을 ( )로 묶고 계산하세요.

❶ $3.1-(1.4\times0.5)+1.2=$

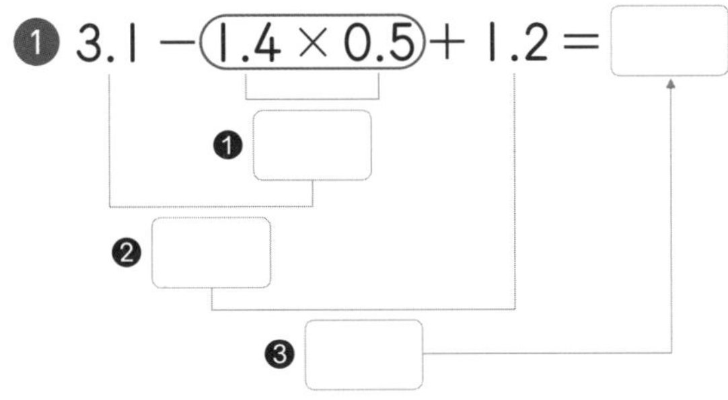

가장 먼저 계산하는
곱셈을 한 덩어리로
생각하고 묶어요!
3.1−(1.4×0.5)+1.2

❷ $0.2\times4.5+4.4-2.9=$

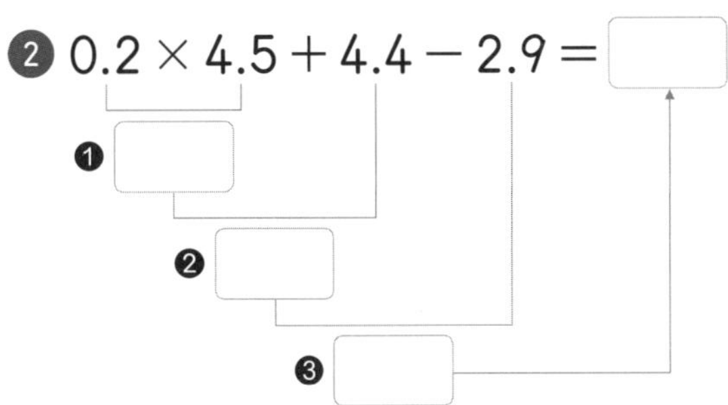

❸ $4.2-0.5+3.4\times0.3=$

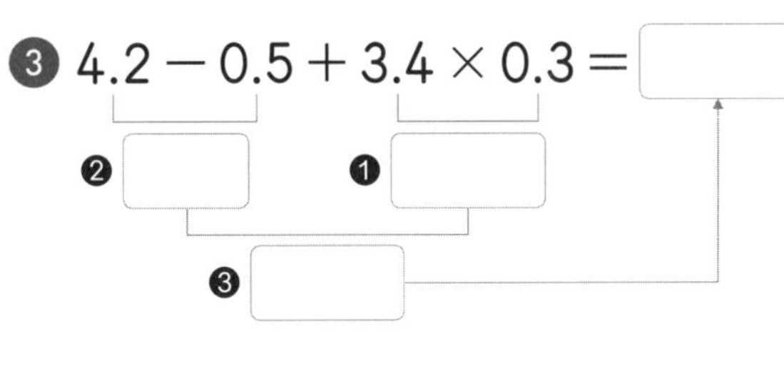

❹ $5.4+1.3\times0.7-1.51=$

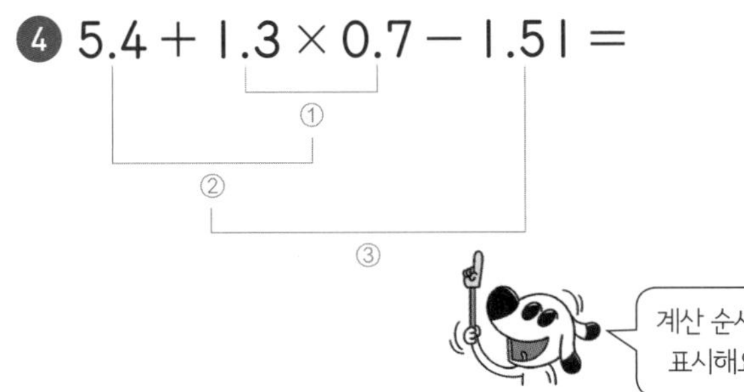
①
②
③
계산 순서도
표시해요!

❺ $7.6-0.82+5.2\times0.5=$

❻ $12.8\times0.4+4.28-3.9=$

❼ $16.2-0.9\times8.5+0.25=$

곱셈을 덩어리로 묶으면
덧셈과 뺄셈이 섞여 있는 간단한 식이 돼요.
'덩어리 계산법'을 기억해요!

곱셈 부분을 ( )로 묶고 계산하세요.

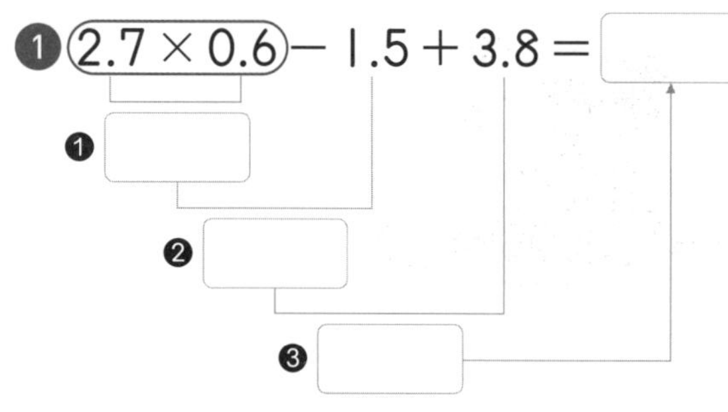

❶ $2.7 \times 0.6 - 1.5 + 3.8 =$

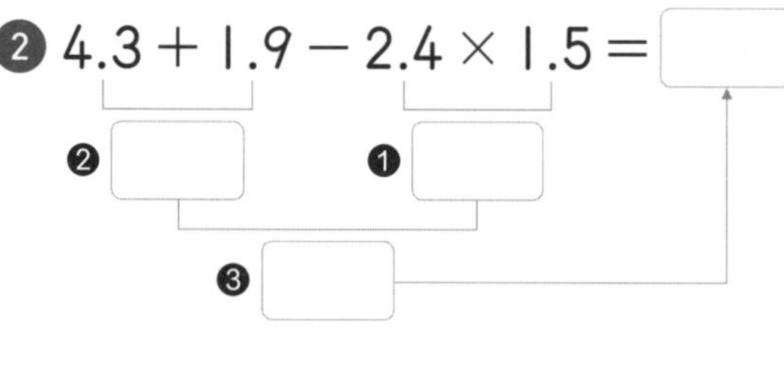

❷ $4.3 + 1.9 - 2.4 \times 1.5 =$

❸ $5.1 - 1.8 \times 0.9 + 2.6 =$

① ② ③

계산 순서도 표시해요!

❹ $3.2 \times 2.5 + 1.02 - 4.5 =$

❺ $6.7 - 0.45 + 2.7 \times 1.7 =$

❻ $4.08 + 5.3 \times 1.4 - 3.6 =$

❼ $8.15 \times 0.4 + 1.8 - 4.2 =$

❽ $7.4 - 5.05 + 4.8 \times 3.5 =$

덧셈, 뺄셈, 나눗셈이 섞여 있는 식은 나눗셈을 먼저 계산해요.

나눗셈 부분을 ( )로 묶고 계산하세요.

❶ 4.5 − (3.6 ÷ 1.2) + 0.8 =

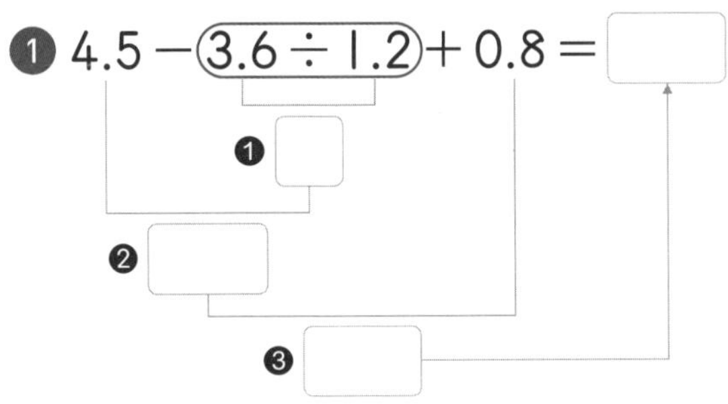

가장 먼저 계산하는
나눗셈을 한 덩어리로
생각하고 묶어요!
4.5−(3.6÷1.2)+0.8

❷ 9.2 ÷ 2.3 + 3.4 − 2.5 =

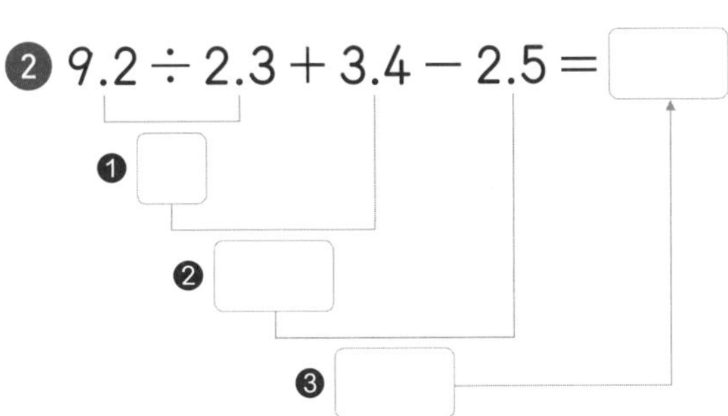

❸ 5.1 − 0.4 + 4.2 ÷ 0.6 =

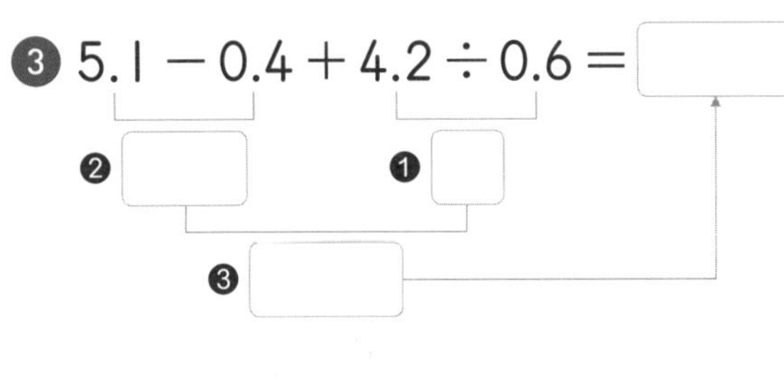

❹ 6.3 + 0.64 ÷ 0.02 − 3.5 =

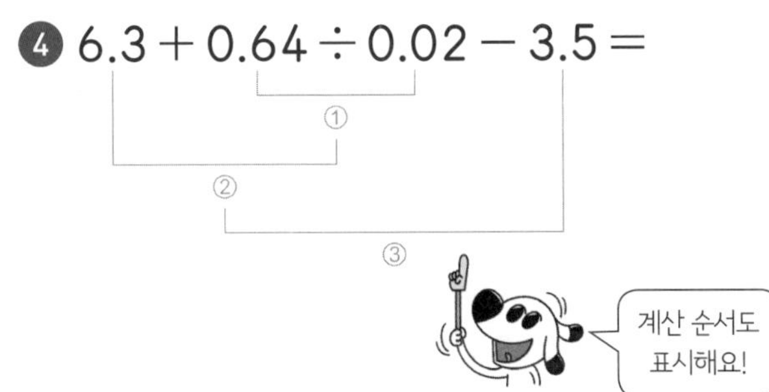
①
②
③
계산 순서도
표시해요!

❺ 0.81 ÷ 0.03 − 4.6 + 1.8 =

❻ 7.42 + 4.08 − 10.4 ÷ 2.6 =

❼ 21.3 − 13.5 ÷ 1.5 + 8.9 =

계산 순서를 표시하지 않고 암산하면 실수하기 쉬워요.
자신이 있더라도 계산 순서를 표시하는 습관이 중요해요!

나눗셈 부분을 ( )로 묶고 계산하세요.

❶ (0.56 ÷ 0.8) + 4.3 − 2.7 =

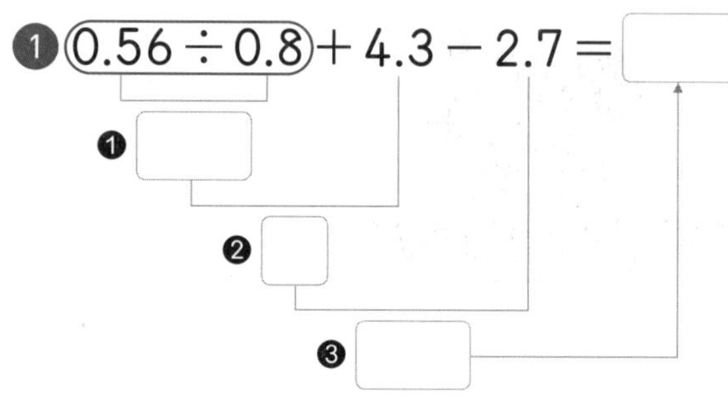

❷ 5.4 − 1.5 + 0.72 ÷ 0.6 =

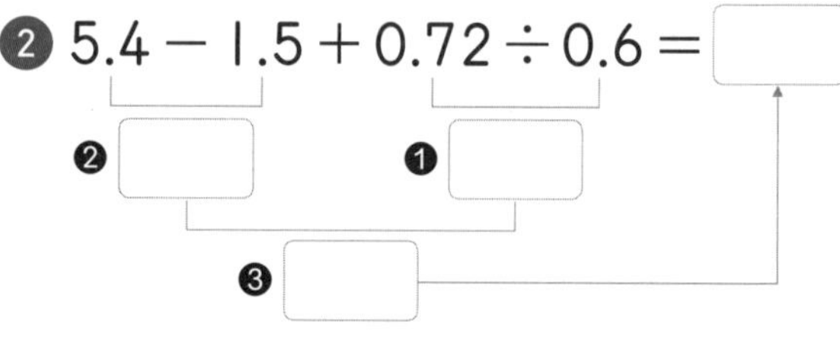

❸ 2.61 + 0.48 ÷ 1.2 − 2.5 =

① ② ③

계산 순서도 표시해요!

❹ 5.12 ÷ 0.2 − 0.9 + 3.8 =

❺ 4.5 + 2.74 − 2.09 ÷ 1.1 =

❻ 3.05 − 1.56 ÷ 1.3 + 3.4 =

❼ 5.74 + 1.02 ÷ 3.4 − 2.9 =

❽ 9.6 − 4.28 + 1.28 ÷ 1.6 =

도전! 땅 짚고 헤엄치는 문장제

기초 문장제로 연산의 기본 개념을 익혀 봐요!

식을 읽은 문장을 완성하세요.

❶ $7.2-3.8+6.3\times0.3$

➡ 7.2와 [ ]의 [차]에 6.3의 [ ]배인 수를 더합니다.

❷ $0.15+4.6\div0.2-1.6$

➡ [ ]에 4.6을 [ ]로 나눈 [몫]을 더하고 1.6을 뺍니다.

- + ➡ 합, 더하고, 더한
- − ➡ 차, 빼고, 뺀
- × ➡ 곱한, ●배
- ÷ ➡ 나눈 몫

하나의 식으로 나타내고 계산하세요.

❸ 3.4에 0.7과 1.2의 곱을 더하고 0.5를 뺀 수

식 3.4 ◯ 0.7 ◯ 1.2 ◯ 0.5 = [ ]

답 ____________

❹ 4.5와 2.16의 차에 0.45를 0.5로 나눈 몫을 더한 수

식 ____________

답 ____________

❸ 문장을 끊어 읽으면 하나의 식으로 나타내기 쉬워요.

3.4에 / 0.7과 1.2의 곱을 / 더하고 / 0.5를 뺀 수

3.4 | 0.7×1.2 | + | −0.5

( )가 있으면 ( ) 안의 소수 계산을 가장 먼저!

덧셈, 뺄셈, 곱셈(나눗셈)이 섞여 있고 (괄호)가 있는 식은
( ) 안 ➡ 곱셈 (나눗셈) ➡ 덧셈, 뺄셈 순서로 계산합니다.

✪ 3.6－0.2×(1.5＋0.8)의 계산

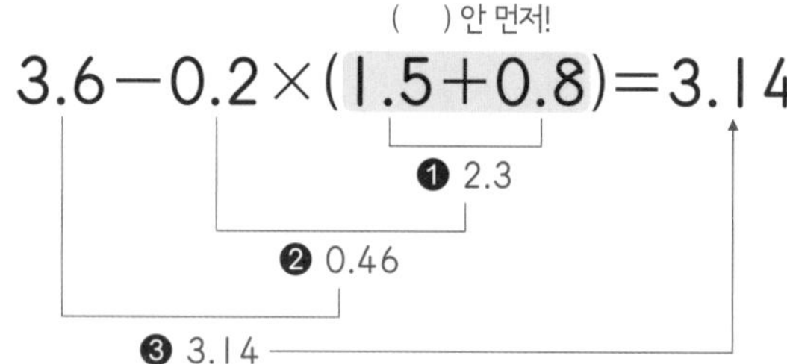

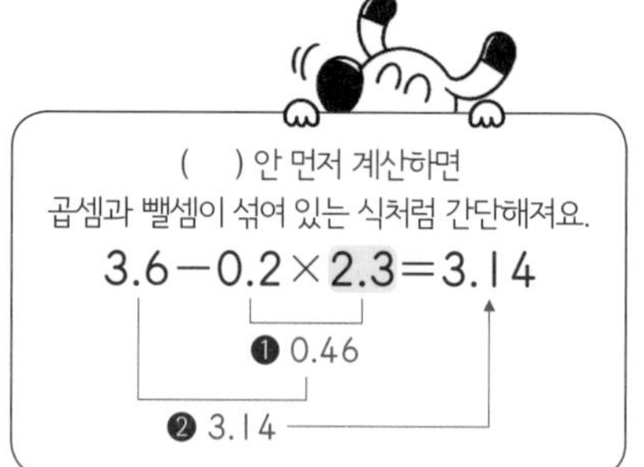

( ) 안 먼저 계산하면
곱셈과 뺄셈이 섞여 있는 식처럼 간단해져요.
3.6－0.2×2.3＝3.14
❶ 0.46
❷ 3.14

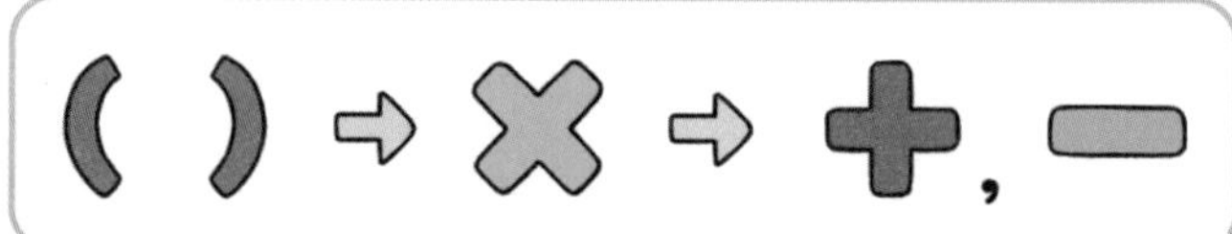

✪ 1.2＋(4.3－2.5)÷0.6의 계산

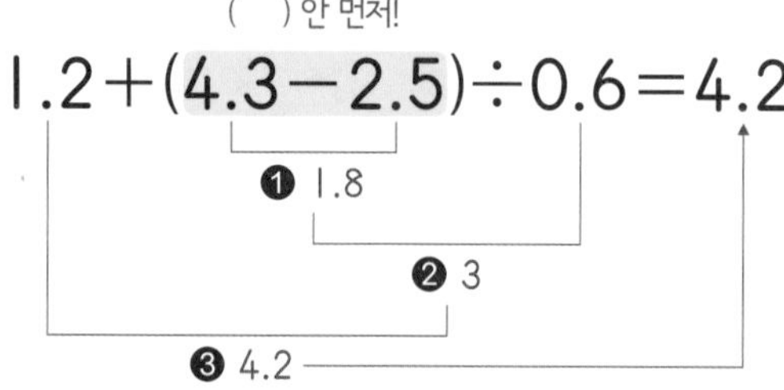

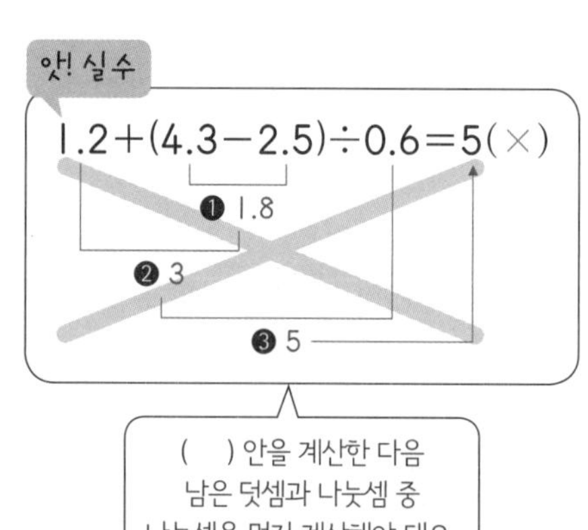

( ) 안을 계산한 다음
남은 덧셈과 나눗셈 중
나눗셈을 먼저 계산해야 돼요.

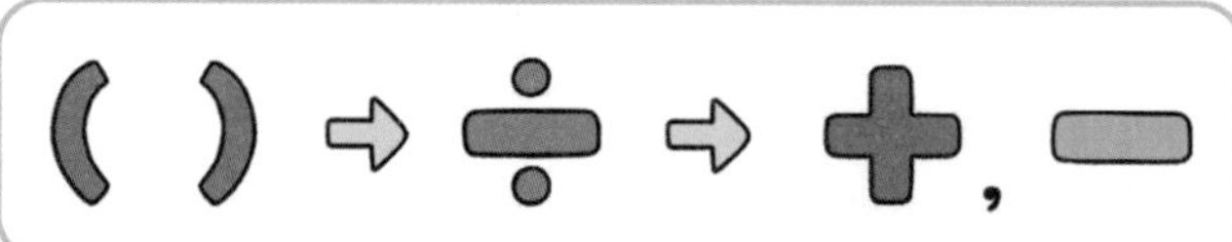

무조건 곱셈, 나눗셈 먼저 계산하면 안 돼요.
덧셈이나 뺄셈일지라도 ( )로 묶여 있으면 가장 먼저 계산해요.

( ) 안을 ◯로 묶고 계산하세요.

❶ $3.2-(1.4+0.9)=$ ☐

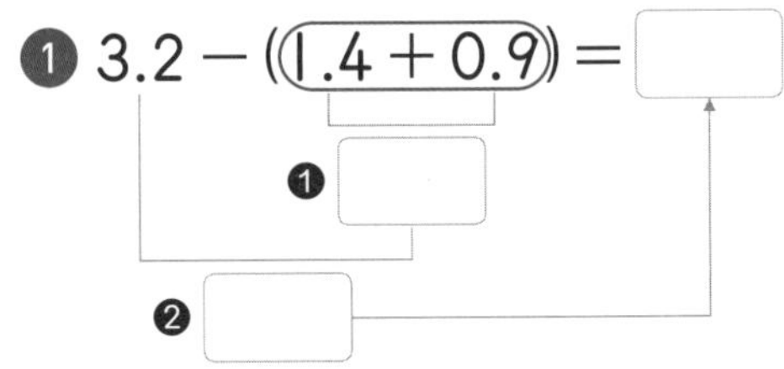

( ) 안을 묶은 다음 먼저 계산해요!
3.2-(1.4+0.9)

❷ $5.4\div(0.5\times1.2)=$ ☐

❸ $0.6\times(1.6+0.8)=$ ☐

❹ $(8.3-2.15)\div0.15=$

①

②

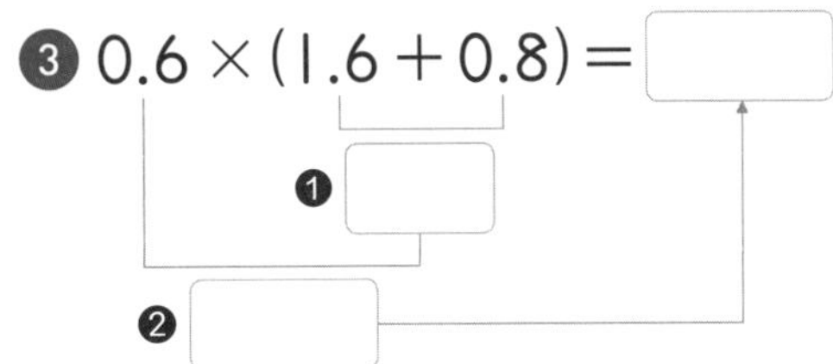

계산 순서도 표시해요!

❺ $6.2-(1.34+1.7)=$

❻ $1.2\times(5.2-1.85)=$

❼ $11.5\div(1.04+1.26)=$

혼합 계산을 실수하는 이유 중 하나가 계산 순서를 표시하지 않고 암산하기 때문이에요. 자신이 있더라도 계산 순서를 표시하는 습관이 중요해요.

( ) 안을 ◯로 묶고 계산하세요.

❶ $0.5 \times (3.2 - 1.8) + 0.6 =$

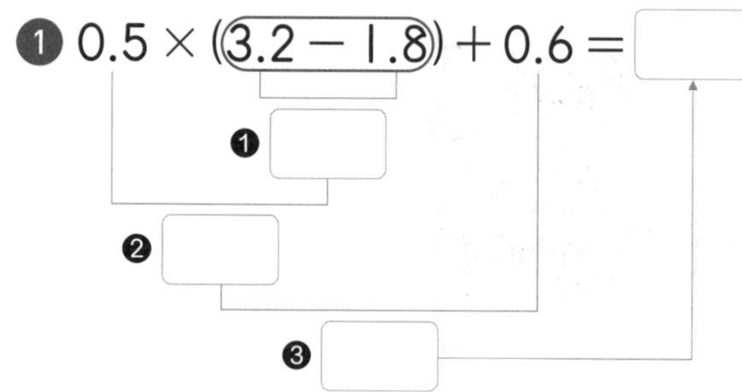

❷ $2.8 - 0.4 \times (0.9 + 0.7) =$

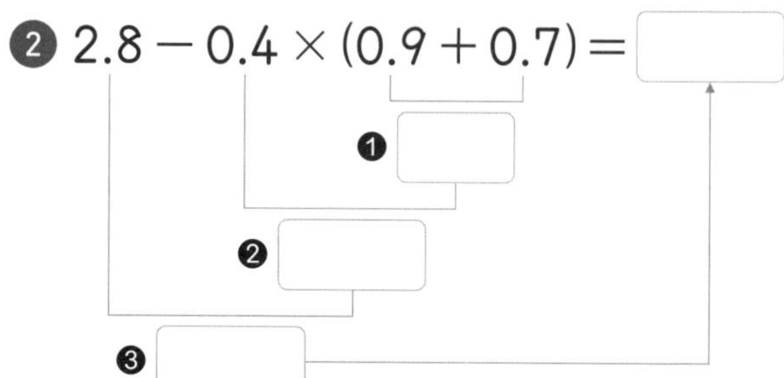

❸ $(4.5 - 0.6) \times 0.3 + 1.8 =$

①

②

③

❹ $1.5 - (3.1 + 2.6) \times 0.2 =$

❺ $3.2 + 8.4 \times (3.6 - 2.9) =$

❻ $(0.25 + 0.45) \times 4.3 - 1.3 =$

❼ $10.1 - 3.5 \times (0.9 + 1.5) =$

❽ $0.6 \times (14.8 - 3.9) + 1.56 =$

( ) 안을 덩어리로 묶으면 간단한 식이 돼요.
'덩어리 계산법'을 기억해요!

( ) 안을 ( )로 묶고 계산하세요.

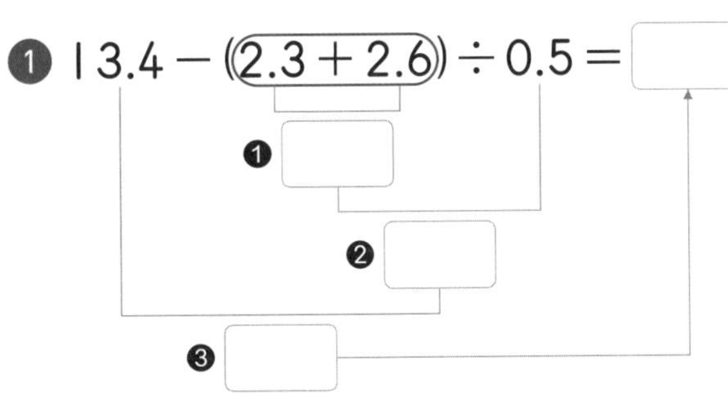

❷ $(23.2-1.7)\div 4.3+0.16=$ ☐

❶ ☐

❷ ☐

❸ ☐

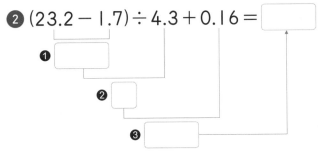

❸ $6.63-10.2\div(1.5+1.9)=$

①

②

③

계산 순서도 표시해요!

❹ $6.25\div(5.4-2.9)+3.8=$

❺ $(1.65+2.03)\div 0.8-2.1=$

❻ $7.4+(12.6-3.4)\div 2.3=$

❼ $7.2\div(0.54+0.36)-4.8=$

❽ $17.1+9.5\div(4.02-2.12)=$

D

조금 복잡하지만 포기하지 말고 계산 순서를 표시하며 차근차근 계산해요!

( ) 안을 ⬭로 묶고 계산하세요.

❶ $1.7 + 0.9 \times (4.3 - 2.6) =$

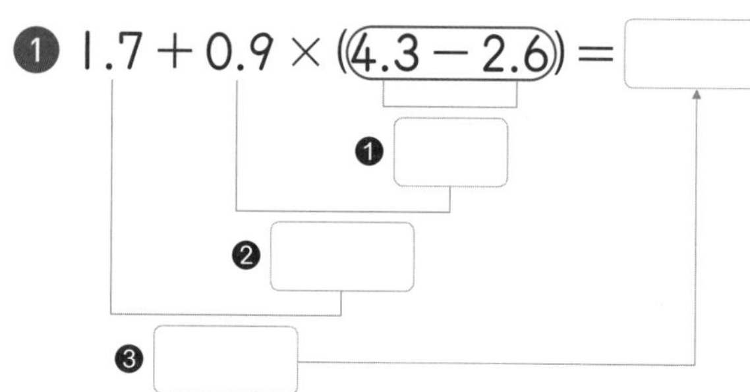

❷ $1.02 \div (1.6 + 1.8) - 0.07 =$

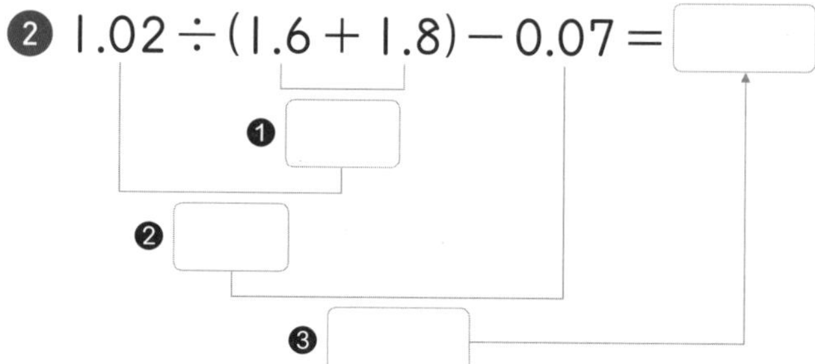

❸ $(6.8 + 3.4) \times 1.1 - 5.2 =$

①

②

③

계산 순서도 표시해요!

❹ $1.5 + 1.18 \div (3.2 - 3.18) =$

❺ $0.8 \times (5.3 - 2.15) + 3.9 =$

❻ $(0.24 + 1.6) \div 0.2 - 3.7 =$

❼ $8.9 + (4.6 - 1.25) \div 6.7 =$

여기까지 오느라
정말 수고했어요!
조금만 더 힘내요!

도전! 땅 짚고 헤엄치는 문장제

기초 문장제로 연산의 기본 개념을 익혀 봐요!

식을 읽은 문장을 완성하세요.

❶ (0.6 + 1.5) ÷ 0.7 − 1.4

➡ 0.6과 ☐ 의 합을 0.7로 나눈 몫 에서 ☐ 를 뺍니다.

❷ 4.2 ÷ (2.3 − 0.9) + 0.8 × 0.4

➡ 4.2를 ☐ 과 0.9의 차로 나눈 몫에 0.8과 ☐ 의 곱을 더합니다.

- \+ ➡ 합, 더하고, 더한
- − ➡ 차, 빼고, 뺀
- × ➡ 곱한, ●배
- ÷ ➡ 나눈 몫

밑줄 친 부분을 (　) 안에 넣어 하나의 식으로 나타내고 계산하세요.

❸ 1.6에 0.7과 0.4의 합을 곱하고 0.28을 뺀 수

식 ______

답 ______

1.6에 곱하는 부분은 '0.7과 0.4의 합'이에요. 밑줄 친 부분을 한 덩어리로 생각하고 (　)로 묶어요.

❹ 6.4에 8.5를 3.5와 1.8의 차로 나눈 몫을 더한 수

식 ______

답 ______

❸ 문장을 끊어 읽으면 하나의 식으로 나타내기 쉬워요.

1.6에 0.7과 0.4의 합을 / 곱하고 / 0.28을 뺀 수

1.6 × (0.7+0.4) −0.28

소수는 어떻게 생겨났을까요?

소수는 1585년에 네덜란드의 시몬 스테빈이 처음 사용했어요.
군대의 장교였던 스테빈은 군자금의 이자를 계산하느라 골치가 아팠어요.
소수가 없던 당시에는 이자율이 $\frac{1}{11}$, $\frac{1}{12}$ 등과 같은 분수라서 계산이 너무 복잡했기 때문이에요.
그래서 이자를 정할 때 분수의 분모를 10, 100, 1000처럼 계산하기 쉬운 수로 정했어요.
그런데 수가 더 커지면 여전히 복잡해서 수가 더 커지더라도 크기 비교를 한눈에 할 수 있는 소수로 표기하기 시작했어요.

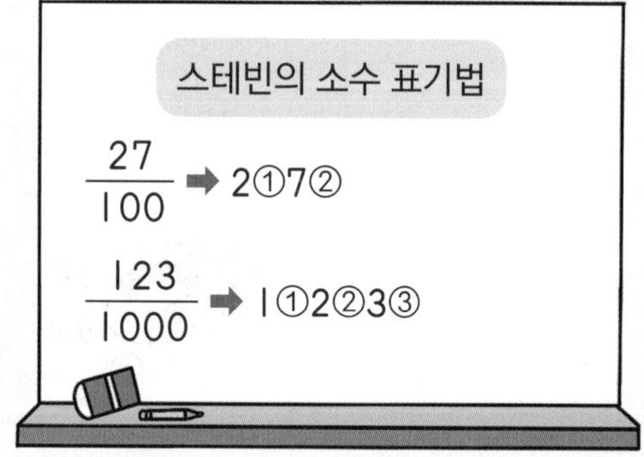

그로부터 약 40년 뒤, 스테빈의 표기는 오늘날의 소수점을 찍는 표시처럼 바뀌었어요.

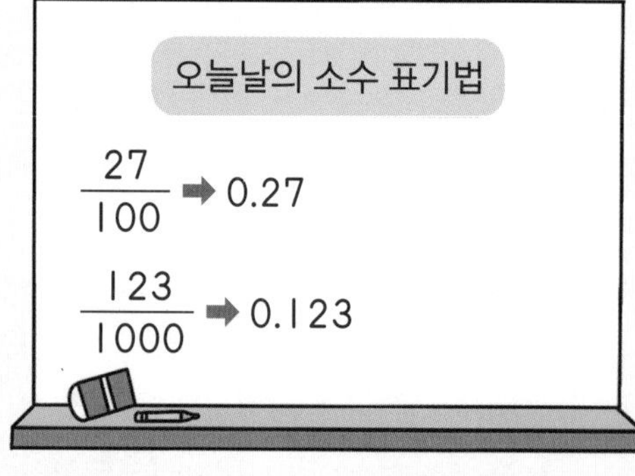

셋째 마당

분수와 소수의 혼합 계산

셋째 마당에서는 분수와 소수의 혼합 계산을 배워요. 분수와 소수가 섞여 있는 식은 계산하기 쉬운 형태로 바꾸는 게 핵심이에요. 이번 마당은 중학 수학까지 대비할 수 있는 가장 어려운 단계예요. 셋째 마당을 마치고 나면 응용력과 자신감도 생길 거예요. 잘하고 있으니 마지막까지 조금 더 힘내요!

	공부할 내용!	완료	10일 진도	20일 진도
13	분모가 10, 100······인 분수로 소수를 나타내	□	7일차	13일차
14	분수와 소수가 섞여 있으면 하나로 통일해	□		14일차
15	나누어떨어지지 않을 땐, 소수를 분수로 바꿔	□		15일차
16	자연수의 혼합 계산 순서를 기억하며 풀자	□	8일차	16일차
17	계산하면서 분수 또는 소수로 통일해	□		17일차
18	덧셈, 뺄셈, 곱셈, 나눗셈 모두 모여라	□	9일차	18일차
19	복잡한 혼합 계산도 능숙하게 해 내자	□		19일차
20	분수와 소수의 혼합 계산 문장제	□	10일차	20일차

분모가 10, 100……인 분수로 소수를 나타내

✪ 분수를 소수로 나타내기

분수를 분모 가 10, 100, 1000……인 분수로 만들어 소수로 나타냅니다.

$$\frac{2}{5}=\frac{2\times2}{5\times2}=\frac{4}{10}=0.4$$

$$\frac{3}{4}=\frac{3\times25}{4\times25}=\frac{75}{100}=0.75$$

$$\frac{5}{8}=\frac{5\times125}{8\times125}=\frac{625}{1000}=0.625$$

이 정도의 분수와 소수는 꼭 외워 둬요!

$\frac{1}{2}=0.5$, $\frac{1}{4}=0.25$, $\frac{3}{4}=0.75$,

$\frac{1}{5}=0.2$, $\frac{2}{5}=0.4$, $\frac{3}{5}=0.6$, $\frac{4}{5}=0.8$,

$\frac{1}{8}=0.125$, $\frac{3}{8}=0.375$,

$\frac{5}{8}=0.625$, $\frac{7}{8}=0.875$

• 분자를 분모로 나누어 분수를 소수로 나타낼 수도 있어요.

$\frac{3}{4}=3\div4$ → $4\overline{)3.00}$ = 0.75 (28, 20, 20, 0) → $\frac{3}{4}=0.75$

✪ 소수를 분수로 나타내는 방법

소수를 분모가 10, 100, 1000……인 분수 로 나타냅니다.

$$3.6=3\frac{6}{10}=3\frac{3}{5}$$

약분될 경우 기약분수로 나타내요.

$$0.25=\frac{25}{100}=\frac{1}{4}$$

$$1.054=1\frac{54}{1000}=1\frac{27}{500}$$

곱해서 분모를 10, 100, 1000으로 만들 수 있는 수를 기억해 두면 좋아요.

분수를 소수로 나타내세요.

1. $\frac{3}{5}=\frac{3\times2}{5\times2}=\frac{\square}{10}=\square$

2. $\frac{3}{20}=$

3. $\frac{4}{25}=$

4. $4\frac{1}{2}=$

5. $2\frac{1}{4}=$

6. $5\frac{1}{8}=$

7. $\frac{11}{20}=$

8. $3\frac{4}{5}=$

9. $2\frac{8}{25}=$

10. $1\frac{3}{8}=$

11. $3\frac{19}{25}=$

12. $\frac{9}{40}=$

13. $1\frac{7}{8}=$

14. $2\frac{7}{20}=$

15. $\frac{11}{125}=$

16. $\frac{123}{250}=$

B

소수를 기약분수로 나타낼 때에는 먼저 분모가 10, 100, 1000……인 분수로 만든 다음 기약분수로 나타내요.

소수를 기약분수로 나타내세요.

❶ $0.4=\frac{\overset{2}{\cancel{4}}}{\underset{5}{\cancel{10}}}=\frac{\square}{\square}$

❷ $0.5=$

❸ $0.25=$

❹ $1.6=$

❺ $1.32=$

❻ $5.11=$

❼ $1.009=$

❽ $0.008=$

❾ $2.27=$

❿ $4.3=$

⓫ $3.4=$

⓬ $1.65=$

⓭ $6.75=$

⓮ $5.04=$

⓯ $1.005=$

⓰ $4.016=$

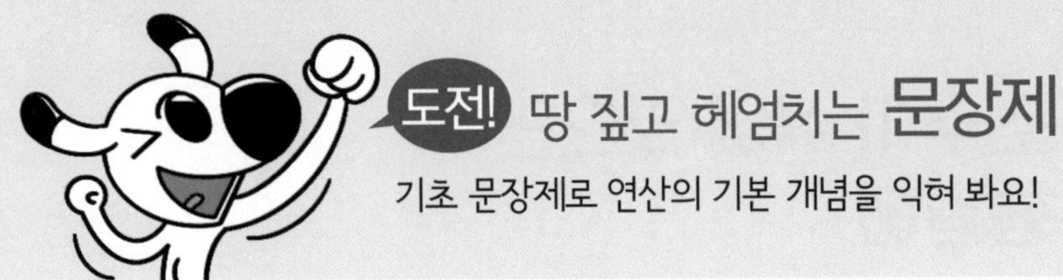

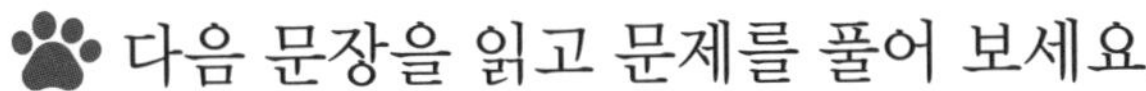

다음 문장을 읽고 문제를 풀어 보세요.

❶ 1.36을 기약분수로 나타내세요.

____

❷ 연우네 집에서 학교까지의 거리는 $1\frac{7}{25}$ km입니다. 연우네 집에서 학교까지의 거리를 소수로 나타내세요.

__________ km

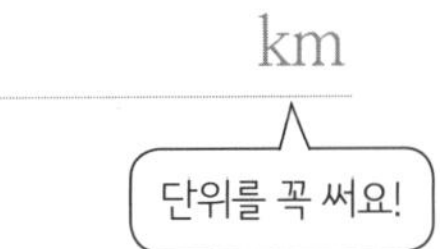

❸ 서준이는 1.6시간 동안 낮잠을 잤고, 소영이는 $1\frac{2}{5}$시간 동안 낮잠을 잤습니다. 낮잠을 더 오래 잔 사람은 누구일까요?

____

❹ 비가 어제는 4.16 mm 내렸고, 오늘은 $4\frac{3}{25}$ mm 내렸습니다. 어제와 오늘 중 비가 더 적게 내린 날은 언제일까요?

____

❸ 1.6을 분수로 나타내거나 $1\frac{2}{5}$를 소수로 나타내 크기를 비교해 봐요.

분수와 소수가 섞여 있으면 하나로 통일해

✪ 분수와 소수의 나눗셈

방법1 분수를 [소수]로 바꿔서 계산하기

소수의 나눗셈 → 자연수의 나눗셈

$$3.6\div\frac{2}{5}=3.6\div0.4=36\div4=9$$

분수 → 소수

방법2 소수를 [분수]로 바꿔서 계산하기

분수의 나눗셈 → 분수의 곱셈

$$3.6\div\frac{2}{5}=\frac{36}{10}\div\frac{2}{5}=\frac{\overset{9}{\cancel{36}}}{\underset{1}{\cancel{10}}}\times\frac{\overset{1}{\cancel{5}}}{\underset{1}{\cancel{2}}}=9$$

소수 → 분수

내가 계산하기 더 쉽지?

$\frac{2}{5}=0.4$

상황에 따라 다르다고~.

• 분수와 소수 중 어떤 것으로 바꿔서 계산하는 것이 더 간단할까요?

방법1 분수를 소수로 바꿔서 계산하기

$$\frac{3}{4}\div1.2=0.75\div1.2=7.5\div12=0.625$$

```
     0.6 2 5
1 2 ) 7.5 0 0
      7 2
      ---
        3 0
        2 4
        ---
          6 0
          6 0
          ---
            0
```

방법2 소수를 분수로 바꿔서 계산하기

$$\frac{3}{4}\div1.2=\frac{3}{4}\div\frac{12}{10}=\frac{\overset{1}{\cancel{3}}}{\underset{2}{\cancel{4}}}\times\frac{\overset{5}{\cancel{10}}}{\underset{4}{\cancel{12}}}=\frac{5}{8}$$

➡ 소수를 분수로 바꿔서 계산하면 약분이 되는 경우가 많아 더 간단하게 계산할 수도 있어요.

분수를 소수로, 소수를 분수로 바꿔서 계산하는 연습을 반복하다 보면 어떤 것으로 바꿔야 계산이 더 쉬운지 빨리 찾을 수 있어요.

분수를 소수로 바꿔서 계산하세요.

❶ $4.5 \div \frac{1}{2} =$

❷ $3.2 \div \frac{4}{5} =$

❸ $6.3 \div \frac{9}{10} =$

❹ $2.4 \div \frac{3}{4} =$

❺ $1.5 \div \frac{1}{8} =$

❻ $0.5 \div 1\frac{1}{4} =$

❼ $3.5 \div 1\frac{2}{5} =$

❽ $6.4 \div 1\frac{3}{5} =$

소수를 분수로 바꿔서 계산하세요.

❾ $3.8 \div \frac{1}{5} =$

❿ $2.5 \div \frac{1}{6} =$

⓫ $4.2 \div \frac{7}{11} =$

⓬ $0.6 \div 2\frac{1}{7} =$

⓭ $1.8 \div 1\frac{1}{5} =$

⓮ $3.6 \div 2\frac{1}{4} =$

⓯ $2.8 \div 2\frac{1}{3} =$

⓰ $19.2 \div 2\frac{2}{5} =$

소수를 분수로 바꿔서 분수의 나눗셈을 할 때
가장 먼저 대분수를 가분수로 바꿔야 한다는 것! 잊지 않았죠?

분수를 소수로 바꿔서 계산하세요.

❶ $\frac{3}{25} \div 0.04 =$

❷ $1\frac{3}{5} \div 0.8 =$

❸ $1\frac{1}{4} \div 0.25 =$

❹ $1\frac{1}{5} \div 1.5 =$

❺ $2\frac{1}{25} \div 0.51 =$

❻ $1\frac{2}{5} \div 0.28 =$

❼ $2\frac{7}{8} \div 0.5 =$

❽ $4\frac{1}{2} \div 2.4 =$

소수를 분수로 바꿔서 계산하세요.

❾ $\frac{3}{4} \div 0.2 =$

❿ $\frac{3}{5} \div 0.15 =$

⓫ $1\frac{1}{5} \div 0.8 =$

⓬ $3\frac{1}{2} \div 0.5 =$

⓭ $2\frac{2}{3} \div 3.2 =$

⓮ $2\frac{1}{4} \div 0.3 =$

⓯ $4\frac{1}{5} \div 1.4 =$

⓰ $1\frac{1}{8} \div 0.9 =$

분수와 소수 중 계산하기 더 편리한 것으로 바꿔서 계산해요.

분수를 소수로 바꾸거나 소수를 분수로 바꿔서 계산하세요.

❶ $2.7 \div \frac{9}{10} =$

❷ $2\frac{1}{2} \div 0.5 =$

❸ $8.4 \div 1\frac{2}{5} =$

❹ $2\frac{3}{4} \div 0.25 =$

❺ $17.5 \div 2\frac{1}{2} =$

❻ $4\frac{4}{5} \div 0.8 =$

❼ $0.72 \div \frac{8}{9} =$

❽ $1\frac{4}{5} \div 4.5 =$

❾ $1.25 \div 6\frac{1}{4} =$

❿ $10\frac{1}{2} \div 1.2 =$

⓫ $0.65 \div \frac{5}{12} =$

⓬ $2\frac{5}{8} \div 3.5 =$

⓭ $25.5 \div 1\frac{1}{5} =$

⓮ $2\frac{1}{4} \div 1.25 =$

도전! 땅 짚고 헤엄치는 문장제

기초 문장제로 연산의 기본 개념을 익혀 봐요!

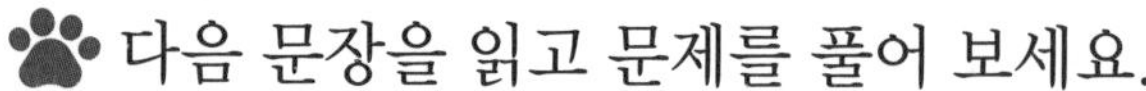

다음 문장을 읽고 문제를 풀어 보세요.

분수 또는 소수로
통일하여 계산해요.

❶ 5.6을 $\frac{4}{5}$로 나눈 몫은 얼마일까요?

____

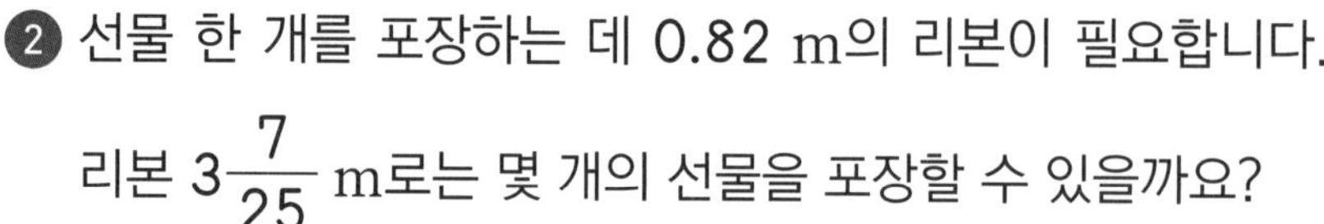

❷ 선물 한 개를 포장하는 데 0.82 m의 리본이 필요합니다. 리본 $3\frac{7}{25}$ m로는 몇 개의 선물을 포장할 수 있을까요?

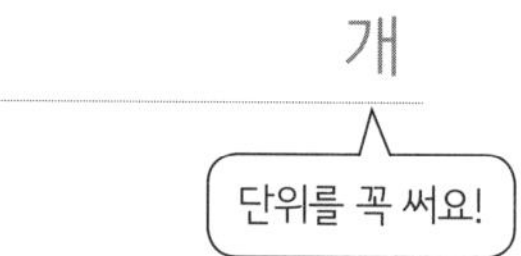

개
단위를 꼭 써요!

❸ 전봇대의 높이는 $4\frac{5}{8}$ m이고, 가로수의 높이는 2.5 m입니다. 전봇대의 높이는 가로수의 높이의 몇 배일까요?

____

❹ 수박의 무게는 멜론의 무게의 $4\frac{1}{2}$배입니다. 수박의 무게가 7.2 kg이라면 멜론의 무게는 몇 kg일까요?

____

속닥속닥

❹ (멜론의 무게)=(수박의 무게)÷$4\frac{1}{2}$이에요.

나누어떨어지지 않을 땐, 소수를 분수로 바꿔

✪ 나누어떨어지지 않는 분수와 소수의 나눗셈

방법1 분수를 소수 로 바꿔서 계산하기

$$5\frac{1}{2} \div 1.4 = 5.5 \div 1.4 = 55 \div 14 = 3.9285\cdots\cdots$$

분수 → 소수

나눗셈의 몫이 나누어떨어지지 않으므로 몫을 정확하게 나타낼 수 없어요.

방법2 소수를 분수 로 바꿔서 계산하기

$$5\frac{1}{2} \div 1.4 = 5\frac{1}{2} \div \frac{14}{10} = \frac{11}{2} \times \frac{10}{14} = \frac{55}{14} = 3\frac{13}{14}$$

소수 → 분수

나누어떨어지지 않을 땐, 소수를 분수로 바꿔서 계산하는 것이 정확해요.

- 나누어떨어지지 않는 나눗셈의 몫을 어림하여 나타낼 수 있어요.

$$5\frac{1}{2} \div 1.4 = 3.9285\cdots\cdots$$

➡ 반올림하여 소수 첫째 자리까지 나타내면 3.92 → 3.9 (버림)

➡ 반올림하여 소수 둘째 자리까지 나타내면 3.928 → 3.93 (올림)

나누어떨어지지 않을 때는 몫을 반올림하면 되지만 정확한 값은 아니에요.
이럴 땐 소수를 분수로 바꿔서 분수의 나눗셈을 하면 정확한 값을 구할 수 있어요.

계산하세요.

❶ $0.5 \div \frac{3}{5} =$

❷ $3\frac{1}{5} \div 2.4 =$

❸ $1.4 \div \frac{3}{4} =$

❹ $5\frac{5}{7} \div 3.5 =$

❺ $3.4 \div 1\frac{1}{5} =$

❻ $3\frac{3}{5} \div 1.1 =$

❼ $2.5 \div \frac{7}{10} =$

❽ $2\frac{2}{3} \div 3.2 =$

❾ $8.7 \div 4\frac{1}{2} =$

❿ $1\frac{1}{3} \div 0.5 =$

⓫ $1.6 \div \frac{3}{25} =$

⓬ $2\frac{1}{5} \div 1.7 =$

⓭ $2.75 \div 3\frac{3}{5} =$

⓮ $4\frac{5}{7} \div 2.2 =$

여러 경우를 연습해야 분수와 소수 중 어떤 것으로 바꾸는 게 더 편리한지 알 수 있어요.
나누어떨어지지 않는 계산에서 소수를 분수로 바꿔서 계산하여 정확한 답을 구해 봐요.

계산하세요.

❶ $2.2 \div \frac{3}{10} =$

❷ $2\frac{1}{6} \div 0.5 =$

❸ $3.5 \div 1\frac{3}{5} =$

❹ $1\frac{1}{5} \div 1.8 =$

❺ $1.5 \div 1\frac{2}{7} =$

❻ $3\frac{1}{5} \div 0.9 =$

❼ $2.5 \div 3\frac{1}{4} =$

❽ $3\frac{1}{2} \div 2.7 =$

❾ $6.5 \div \frac{9}{10} =$

❿ $2\frac{8}{9} \div 1.3 =$

⓫ $3.6 \div 3\frac{2}{5} =$

⓬ $3\frac{5}{8} \div 8.7 =$

⓭ $8.4 \div 1\frac{11}{25} =$

⓮ $5\frac{2}{5} \div 0.7 =$

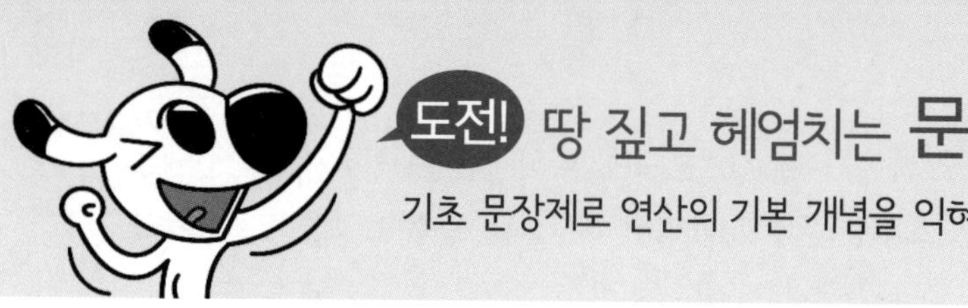

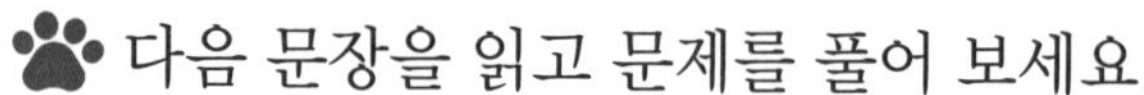

다음 문장을 읽고 문제를 풀어 보세요.

❶ 3.6을 $\frac{7}{10}$로 나눈 몫을 분수로 나타내세요.

❷ $1\frac{1}{2}$을 2.7로 나눈 몫을 반올림하여 소수 둘째 자리까지 나타내세요.

❸ 꽃 한 송이를 포장하는 데 리본이 $4\frac{2}{5}$ m 필요합니다. 리본 52.6 m로는 꽃을 몇 송이까지 포장할 수 있을까요?

❹ 노란색 실 $5\frac{1}{4}$ m와 빨간색 실 3.3 m가 있습니다. 노란색 실의 길이는 빨간색 실의 길이의 몇 배일까요?

❸ $4\frac{2}{5}$ m보다 짧은 리본으로는 꽃을 포장할 수 없으므로 몫을 자연수 부분까지만 구해요.

자연수의 혼합 계산 순서를 기억하며 풀자

✪ 셈이 2개인 분수와 소수의 혼합 계산

• 곱셈과 나눗셈이 섞여 있는 식은 앞에서부터 차례로 계산합니다.

앞에서부터 차례로!

$$4.2\div1\frac{1}{6}\times1.5=\frac{\overset{6}{\cancel{42}}}{\underset{5}{\cancel{10}}}\times\frac{\overset{3}{\cancel{6}}}{\underset{1}{\cancel{7}}}\times1.5=\frac{\overset{9}{\cancel{18}}}{\underset{1}{\cancel{5}}}\times\frac{\overset{3}{\cancel{15}}}{\underset{5}{\cancel{10}}}=\frac{27}{5}=5\frac{2}{5}$$

• 곱셈과 덧셈 또는 뺄셈이 섞여 있는 식은 곱셈 먼저 계산합니다.

곱셈 먼저!

$$5.2-1\frac{1}{9}\times2.7=5.2-\frac{\overset{1}{\cancel{10}}}{\underset{1}{\cancel{9}}}\times\frac{\overset{3}{\cancel{27}}}{\underset{1}{\cancel{10}}}=5.2-3=2.2$$

• 나눗셈과 덧셈 또는 뺄셈이 섞여 있는 식은 나눗셈 먼저 계산합니다.

나눗셈 먼저!

$$2\frac{1}{4}+3.2\div1\frac{3}{5}=2\frac{1}{4}+\frac{\overset{2}{\cancel{\overset{4}{\cancel{32}}}}}{\underset{1}{\cancel{\underset{2}{\cancel{10}}}}}\times\frac{\overset{1}{\cancel{5}}}{\underset{1}{\cancel{8}}}=2\frac{1}{4}+2=4\frac{1}{4}$$

• (　)가 있는 식은 (　) 안을 먼저 계산합니다.

(　) 안 먼저!

$$\left(2\frac{3}{5}-1.2\right)\times1\frac{1}{4}=(2.6-1.2)\times1\frac{1}{4}=1.4\times1\frac{1}{4}$$

$$=\frac{\overset{7}{\cancel{14}}}{\underset{2}{\cancel{10}}}\times\frac{\overset{1}{\cancel{5}}}{\underset{2}{\cancel{4}}}=\frac{7}{4}=1\frac{3}{4}$$

곱셈과 나눗셈이 섞여 있는 식은 앞에서부터 차례로 계산하면 돼요. 중요한 건 소수를 분수로 바꾸거나 분수를 소수로 바꾸는 방법 중 계산하기 쉬운 방법을 선택하는 거예요.

계산 순서를 표시하며 계산하세요.

❶ $2.4 \div \frac{2}{5} \times 0.6 =$

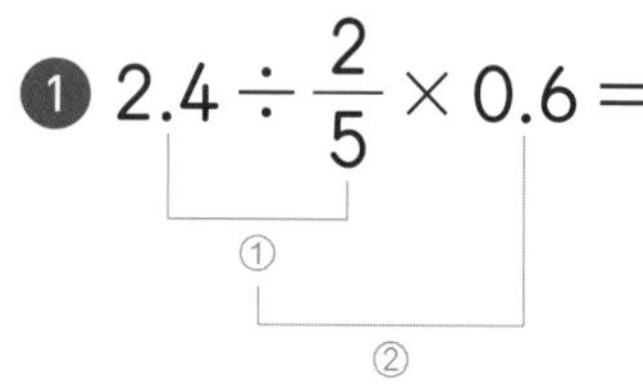

계산 순서를 표시하는 게 혼합 계산을 잘하는 비결이라는 것 알죠?

❷ $3\frac{3}{4} \times 1.6 \div 1\frac{5}{7} =$

❸ $5.2 \div 5\frac{1}{5} \times 1\frac{4}{9} =$

❹ $1\frac{5}{7} \times 1.4 \div \frac{8}{9} =$

❺ $3.8 \div 2\frac{5}{7} \times 1.5 =$

❻ $1.8 \times \frac{3}{8} \div 0.9 =$

❼ $4\frac{2}{5} \div 6.6 \times 1\frac{1}{4} =$

곱셈 또는 나눗셈을 덩어리로 묶으면
덧셈 또는 뺄셈이 있는 간단한 식이 돼요.
'덩어리 계산법'을 기억해요!

곱셈 또는 나눗셈 부분을 ( )로 묶고 계산하세요.

❶ $1\frac{3}{4}+\left(2.3\div3\frac{5}{6}\right)=$

① ②

먼저 계산하는
나눗셈을 한 덩어리로
생각하고 묶어요!

$1\frac{3}{4}+\left(2.3\div3\frac{5}{6}\right)$

❷ $3\frac{4}{7}\times2.1+2.6=$

① ②

❸ $1\frac{3}{5}-1.2\times1\frac{1}{8}=$

❹ $4\frac{1}{2}-6.5\div1\frac{6}{7}=$

❺ $0.5\div1\frac{1}{4}+3.7=$

❻ $5.5-1\frac{1}{4}\times2.4=$

❼ $2\frac{1}{6}+2.7\div1\frac{4}{5}=$

덧셈이나 뺄셈일지라도 ( )로 묶여 있으면 먼저 계산해요.

( ) 안을 ◯로 묶고 계산하세요.

❶ $\left(\frac{3}{5}+\frac{1}{4}\right)\times 0.5=$

①

②

( ) 안을 묶은 다음
먼저 계산해요.

❷ $\frac{4}{5}\times\left(1\frac{1}{8}-0.025\right)=$

①

②

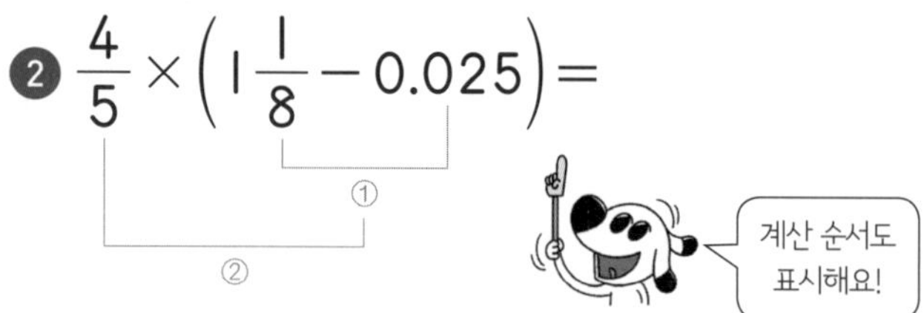

계산 순서도
표시해요!

❸ $7.6\div\left(2\frac{1}{2}-0.6\right)=$

❹ $\left(\frac{3}{20}+0.65\right)\div 3\frac{1}{5}=$

❺ $\left(1\frac{3}{4}-0.15\right)\times 2.5=$

❻ $3.77\div\left(2\frac{1}{2}+3.3\right)=$

❼ $\left(2\frac{1}{4}+9.75\right)\times 0.5=$

도전! 땅 짚고 헤엄치는 문장제

기초 문장제로 연산의 기본 개념을 익혀 봐요!

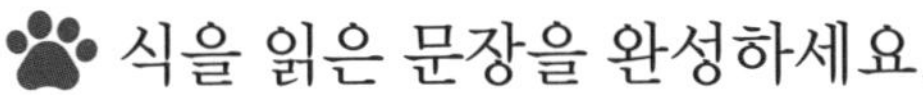

식을 읽은 문장을 완성하세요.

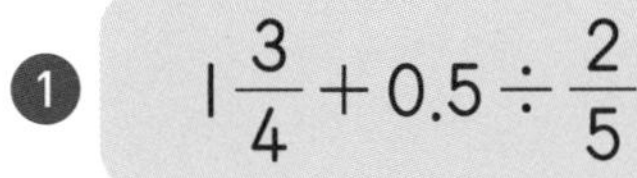

1. $1\frac{3}{4}+0.5\div\frac{2}{5}$

➡ ☐에 0.5를 ☐로 나눈 ☐을 더합니다.

- + ➡ 합, 더하고, 더한
- − ➡ 차, 빼고, 뺀
- × ➡ 곱한, ●배
- ÷ ➡ 나눈 몫

하나의 식으로 나타내고 계산하세요.

2. 0.6과 $\frac{5}{14}$의 곱을 $2\frac{4}{7}$로 나눈 몫

식 $0.6 \bigcirc \frac{5}{14} \bigcirc 2\frac{4}{7} =$ ☐

답 ____________

3. $3\frac{1}{5}$과 2.5의 차에 $\frac{2}{3}$를 곱한 수

식 ____________

답 ____________

$\frac{2}{3}$를 곱해야 하는 부분은
'$3\frac{1}{5}$과 2.5의 차'예요.
밑줄 친 부분을 한 덩어리로
생각하고 (　)로 묶어요.

2. 문장을 끊어 읽으면 하나의 식으로 나타내기 쉬워요.

0.6과 $\frac{5}{14}$의 곱을 /	$2\frac{4}{7}$로 나눈 몫
$0.6\times\frac{5}{14}$	$\div 2\frac{4}{7}$

계산하면서 분수 또는 소수로 통일해

✪ 셈이 3개인 분수와 소수의 혼합 계산

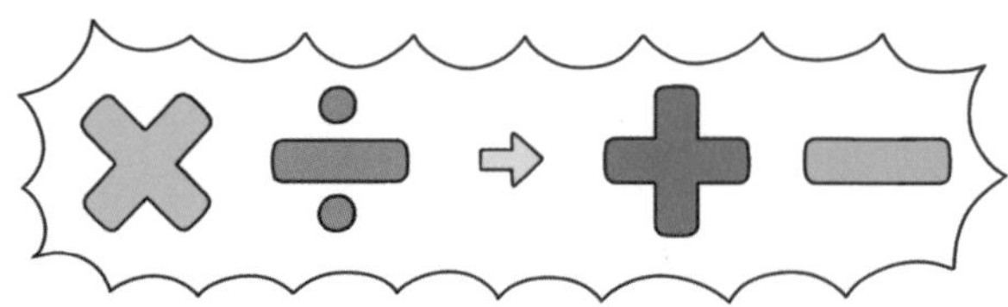

• 곱셈과 나눗셈이 떨어져 있는 계산

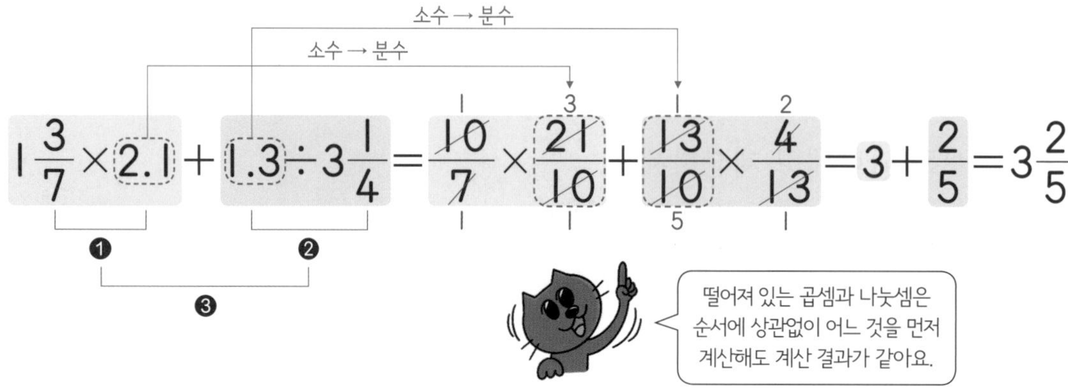

소수 → 분수
소수 → 분수
$1\frac{3}{7}\times2.1+1.3\div3\frac{1}{4}=\frac{10}{7}\times\frac{21}{10}+\frac{13}{10}\times\frac{4}{13}=3+\frac{2}{5}=3\frac{2}{5}$
❶ ❷ ❸
떨어져 있는 곱셈과 나눗셈은 순서에 상관없이 어느 것을 먼저 계산해도 계산 결과가 같아요.

• 곱셈과 나눗셈이 연달아 있는 계산

$$2.7-\frac{9}{14}\div0.3\times1\frac{1}{6}=2.7-\frac{9}{14}\times\frac{10}{3}\times1\frac{1}{6}$$

❶ ❷ ❸

$$=2.7-\frac{15}{7}\times\frac{7}{6}=2.7-\frac{5}{2}$$

$$=2.7-2.5=0.2$$

곱셈과 나눗셈이 연달아 나오면 하나의 큰 덩어리로 생각하고 먼저 계산하면 돼요.

처음부터 모든 수를 분수 또는 소수로 바꾸면 더 복잡할 수 있어요.
계산 순서대로 하나씩 편리한 형태로 바꿔서 계산해요.

곱셈, 나눗셈 부분을 각각 ( )로 묶고 계산하세요.

❶ $\left(0.5 \div \frac{1}{4}\right) + \left(2.5 \times \frac{3}{5}\right) =$

① ② ③

❷ $3.4 \times \frac{1}{2} - 1.8 \div 2\frac{2}{5} =$

① ② ③

계산 순서도
표시해요!

❸ $0.8 \div 2\frac{1}{2} + 4.5 \times \frac{2}{5} =$

❹ $4.2 \times \frac{4}{7} - \frac{2}{3} \div 0.4 =$

❺ $1.5 \div \frac{3}{10} + 1\frac{1}{5} \times 0.6 =$

❻ $1.8 \times \frac{4}{5} + 3\frac{1}{2} \div 0.7 =$

곱셈, 나눗셈이 연달아 나오면 하나의 큰 묶음으로 생각하고
먼저 그 묶음 안을 앞에서부터 차례로 계산하면 돼요.

곱셈, 나눗셈 부분을 ( )로 묶고 계산하세요.

❶ $1\frac{2}{5}+0.6\times\frac{1}{4}\div0.3=$

① ② ③

❷ $1.2\div1\frac{1}{5}\times1.8+\frac{3}{4}=$

① ② ③

계산 순서도 표시해요!

❸ $1\frac{4}{5}-\frac{8}{25}\div0.7\times1\frac{1}{4}=$

❹ $0.45+1\frac{3}{8}\times1.6\div1\frac{4}{7}=$

❺ $1\frac{1}{6}\times4\frac{1}{2}\div0.3-0.5=$

❻ $1\frac{1}{4}-0.5\div\frac{5}{8}\times0.4=$

덧셈이나 뺄셈일지라도 ( )로 묶여 있으면 가장 먼저 계산해요.

( ) 안을 ( )로 묶고 계산하세요.

( ) 안을 묶은 다음
가장 먼저 계산해요.

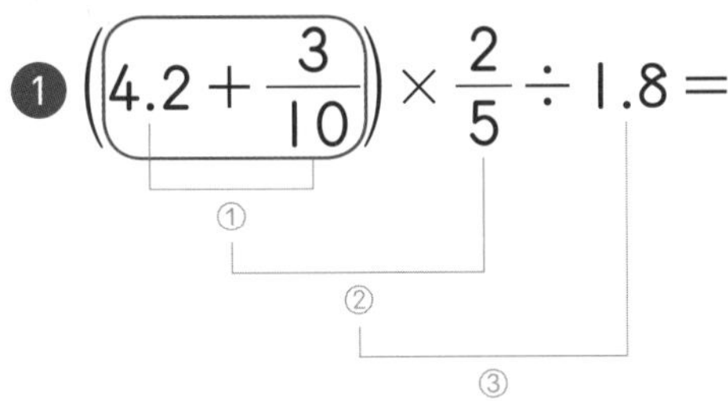

①
②
③

❶ $\left(4.2+\frac{3}{10}\right)\times\frac{2}{5}\div1.8=$

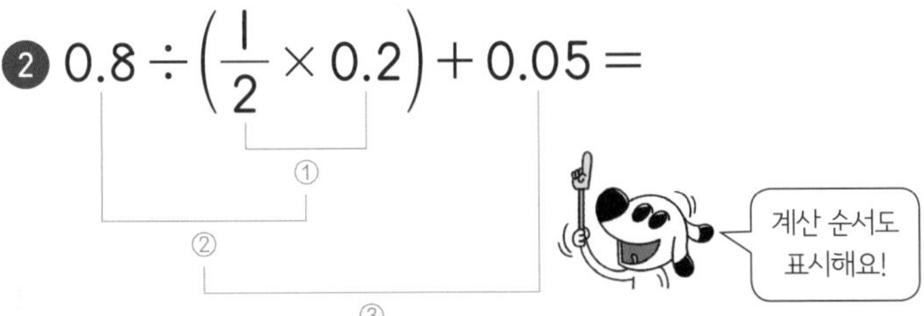

①
②
③
계산 순서도
표시해요!

❷ $0.8\div\left(\frac{1}{2}\times0.2\right)+0.05=$

❸ $\left(1.5-\frac{3}{4}\right)\times0.4\div1\frac{1}{5}=$

❹ $2\frac{1}{2}\times\left(1.4+\frac{4}{5}\right)\div0.5=$

❺ $2\frac{1}{4}\times0.2\div\left(0.75-\frac{1}{4}\right)=$

❻ $3\frac{3}{8}\div0.6\times\left(0.7+\frac{1}{3}\right)=$

도전! 땅 짚고 헤엄치는 문장제

기초 문장제로 연산의 기본 개념을 익혀 봐요!

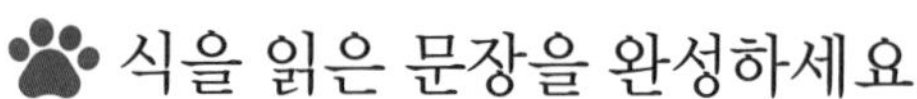

식을 읽은 문장을 완성하세요.

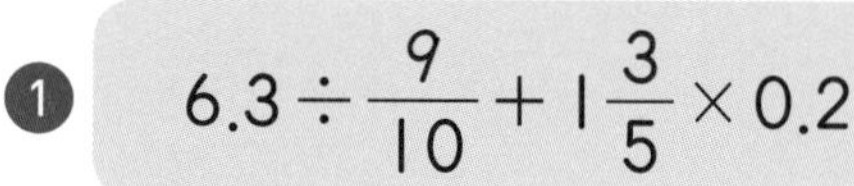

❶ $6.3 \div \frac{9}{10} + 1\frac{3}{5} \times 0.2$

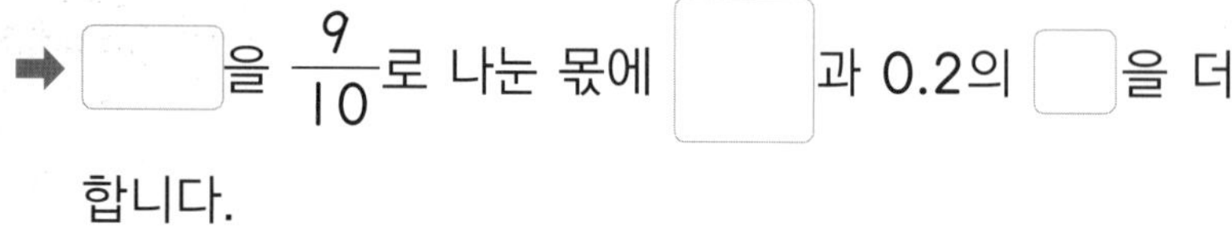

➡ ☐을 $\frac{9}{10}$로 나눈 몫에 ☐과 0.2의 ☐을 더합니다.

하나의 식으로 나타내고 계산하세요.

❷ $2\frac{1}{2}$과 1.2의 곱에서 $\frac{3}{7}$을 0.3으로 나눈 몫을 뺀 수

식 $2\frac{1}{2}$ ◯ 1.2 ◯ $\frac{3}{7}$ ◯ 0.3 = ☐

답 ________

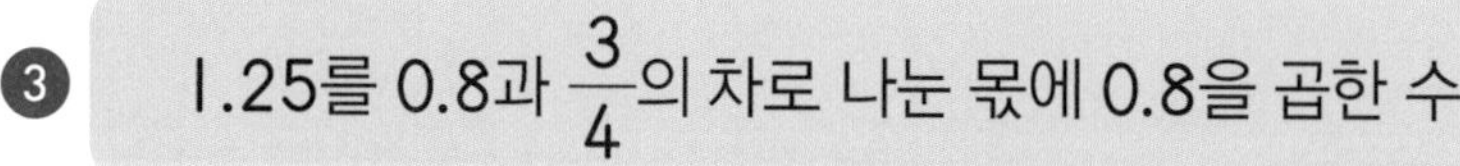

❸ 1.25를 0.8과 $\frac{3}{4}$의 차로 나눈 몫에 0.8을 곱한 수

식 ________

답 ________

- + ➡ 합, 더하고, 더한
- − ➡ 차, 빼고, 뺀
- × ➡ 곱한, ●배
- ÷ ➡ 나눈 몫

❷ 문장을 끊어 읽으면 하나의 식으로 나타내기 쉬워요.

$2\frac{1}{2}$과 1.2의 곱에서 / $\frac{3}{7}$을 0.3으로 나눈 몫을 / 뺀 수

$2\frac{1}{2} \times 1.2$ 　 $\frac{3}{7} \div 0.3$ 　 −

덧셈, 뺄셈, 곱셈, 나눗셈 모두 모여라

덧셈, 뺄셈, 곱셈, 나눗셈이 섞여 있는 식은 곱셈 과 나눗셈 먼저 계산합니다.

✩ 셈이 4개인 분수와 소수의 혼합 계산

$$3\frac{1}{4}+2.5\times2\frac{2}{5}-0.8\div2\frac{2}{3}=3\frac{1}{4}+\frac{\overset{1}{\cancel{\overset{5}{\cancel{25}}}}}{\underset{2}{\cancel{10}}}\times\frac{\overset{6}{\cancel{12}}}{\underset{1}{\cancel{5}}}-\frac{\overset{1}{\cancel{8}}}{10}\times\frac{3}{\underset{1}{\cancel{8}}}$$

❶ $2.5\times2\frac{2}{5}$, ❷ $0.8\div2\frac{2}{3}$, ❸ $3\frac{1}{4}+$❶, ❹ ❸$-$❷

$$=3\frac{1}{4}+6-\frac{3}{10}$$

$$=9\frac{1}{4}-\frac{3}{10}$$

$$=9.25-0.3$$

$$=8.95$$

곱셈과 나눗셈은
소수를 분수로 바꿔서 풀면
약분이 돼서 계산이
간단한 경우가 많아요.

분수를 소수로 바꿔서 풀면
통분을 하지 않아도 돼서
계산이 편해요.

덧셈과 뺄셈이 곱셈과 나눗셈을 만나면 계산 순서를 양보해야 해요.
이럴 땐 곱셈, 나눗셈을 먼저! 덧셈과 뺄셈을 나중에 계산해요.

곱셈, 나눗셈 부분을 각각 ( )로 묶고 계산하세요.

❶ $\left(\frac{2}{3}\times 2.1\right)-\left(\frac{4}{5}\div 1\frac{1}{15}\right)+1.2=$

① ② ③ ④

❷ $1\frac{2}{3}-0.9\div 2\frac{1}{4}+1\frac{3}{5}\times 0.5=$

① ② ③ ④

계산 순서도 표시해요!

❸ $2\frac{4}{5}\times 3.5+0.6-0.9\div 1\frac{1}{2}=$

❹ $1\frac{1}{2}\div 0.75+1\frac{2}{3}\times 2.5-\frac{3}{8}=$

❺ $1\frac{3}{4}\times 2.4-2.5+3.5\div 1\frac{1}{4}=$

먼저 곱셈과 나눗셈을 앞에서부터 차례로!
그다음 덧셈과 뺄셈을 앞에서부터 차례로 계산해요.

곱셈, 나눗셈 부분을 각각 ( )로 묶고 계산하세요.

❶ $(1.8 \times 2\frac{2}{3}) + (4\frac{1}{6} \div 2.5) - 3\frac{1}{4} =$

① ② ③ ④

❷ $0.6 \div \frac{2}{5} + 3\frac{1}{3} - 1\frac{2}{9} \times 0.9 =$

① ② ③ ④

계산 순서도 표시해요!

❸ $1\frac{3}{8} + 1.5 \times \frac{1}{2} - 2\frac{1}{4} \div 3.6 =$

❹ $2.8 \div 1\frac{2}{5} + 1.6 \times 3\frac{1}{4} - \frac{3}{10} =$

❺ $1.9 \times 2\frac{1}{2} - \frac{9}{20} + 1\frac{1}{8} \div 0.5 =$

곱셈, 나눗셈이 연달아 나오면 하나의 큰 묶음으로 생각하고
먼저 그 묶음 안을 앞에서부터 차례로 계산하면 돼요.

곱셈, 나눗셈 부분을 ( )로 묶고 계산하세요.

❶ $3\frac{1}{4} \times 0.2 \div \frac{1}{2} + 1\frac{1}{2} - 0.6 =$

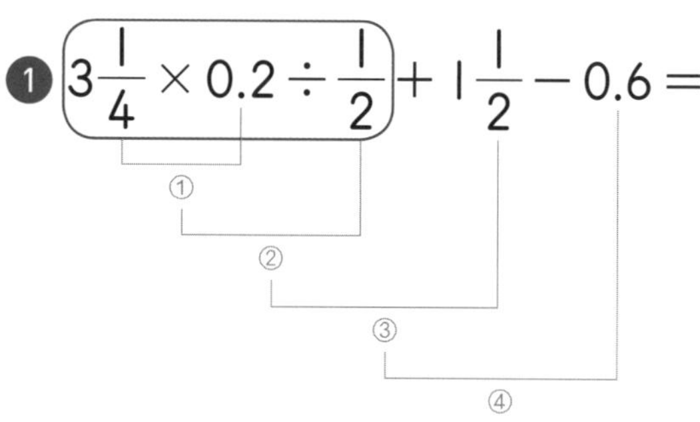

❷ $5.2 - 2\frac{1}{6} \div 3\frac{5}{7} \times 0.6 + 2\frac{3}{4} =$

①
②
③
④

계산 순서도 표시해요!

❸ $2.2 + 1\frac{1}{4} - 0.8 \times 2\frac{1}{2} \div 1.25 =$

❹ $\frac{3}{4} + 1.5 \div 1\frac{1}{5} \times 1.6 - \frac{1}{20} =$

❺ $1\frac{2}{5} - 1.28 + 3\frac{1}{3} \times 0.6 \div 1\frac{1}{4} =$

식이 복잡해지고 길어지면 풀다가 이전에 계산한 답을 잊어버릴 수도 있을 거예요.
계산 순서를 표시한 번호 아래 구한 답을 적으면 실수를 줄일 수 있어요.

곱셈, 나눗셈 부분을 ◯로 묶고 계산하세요.

❶ $1\frac{1}{4}-2\frac{1}{4}\div 1.5\times \frac{5}{8}+3\frac{3}{4}=$

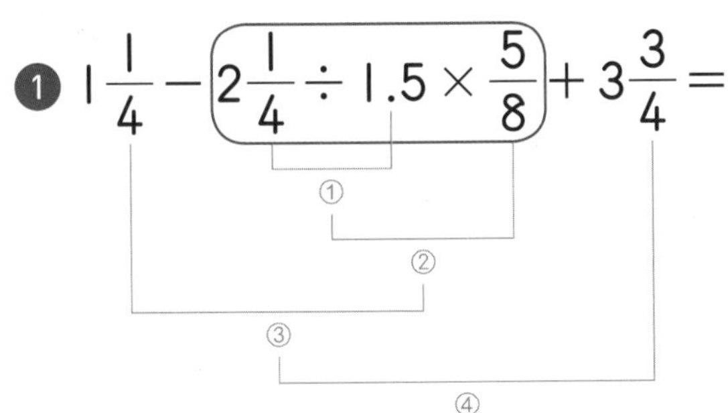

❷ $5\frac{1}{3}\times 1\frac{1}{8}\div 1.2-1\frac{1}{2}+0.5=$

① ② ③ ④

계산 순서도 표시해요!

❸ $2.4-1.6\div 1\frac{1}{3}\times \frac{5}{6}+0.8=$

❹ $\frac{1}{2}+3.8-\frac{3}{5}\times 1.25\div \frac{5}{8}=$

❺ $1\frac{7}{8}\div 2.5\times \frac{1}{6}+5.5-1\frac{1}{4}=$

도전! 땅 짚고 헤엄치는 문장제

기초 문장제로 연산의 기본 개념을 익혀 봐요!

식을 읽은 문장을 완성하세요.

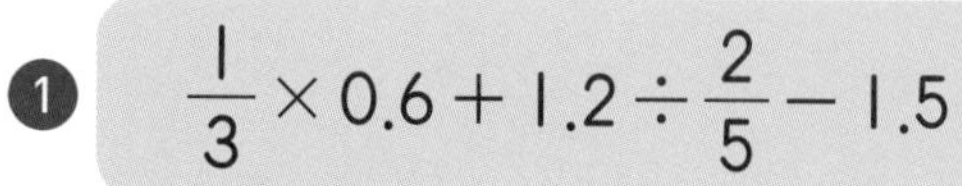

❶ $\frac{1}{3} \times 0.6 + 1.2 \div \frac{2}{5} - 1.5$

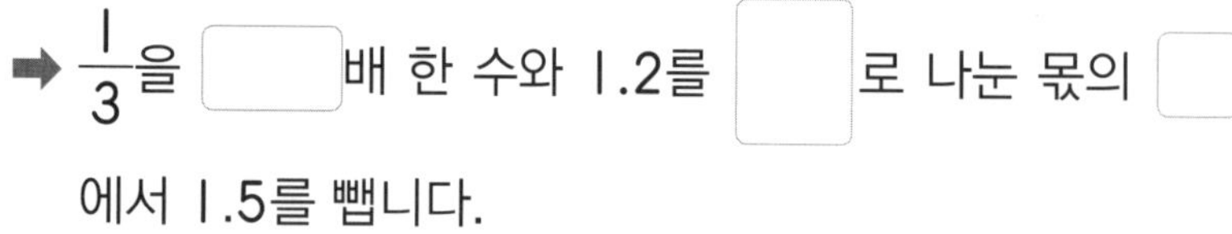

➡ $\frac{1}{3}$을 ☐배 한 수와 1.2를 ☐로 나눈 몫의 ☐에서 1.5를 뺍니다.

- + ➡ 합, 더하고, 더한
- − ➡ 차, 빼고, 뺀
- × ➡ 곱한, ●배
- ÷ ➡ 나눈 몫

다음 문장을 읽고 하나의 식으로 나타내어 답을 구하세요.

❷ 4.5를 $\frac{3}{5}$으로 나눈 몫에서 $2\frac{1}{2}$의 0.3배를 빼고 $\frac{1}{4}$을 더한 수는 얼마일까요?

식 4.5 ◯ $\frac{3}{5}$ ◯ $2\frac{1}{2}$ ◯ 0.3 ◯ $\frac{1}{4}$ = ☐

답 ______

❸ 3.6에 $\frac{2}{3}$의 0.6배를 더하고 $\frac{1}{5}$을 0.2로 나눈 몫을 뺀 수는 얼마일까요?

식 ______

답 ______

❷ 문장을 끊어 읽으면 하나의 식으로 나타내기 쉬워요.

4.5를 $\frac{3}{5}$으로 나눈 몫에서 / $2\frac{1}{2}$의 0.3배를 / 빼고 / $\frac{1}{4}$을 더한 수

$4.5 \div \frac{3}{5}$ $2\frac{1}{2} \times 0.3$ − $+\frac{1}{4}$

복잡한 혼합 계산도 능숙하게 해 내자

덧셈, 뺄셈, 곱셈, 나눗셈이 섞여 있고 (　　)가 있는 식은
(　　) 안 ➡ 곱셈, 나눗셈 ➡ 덧셈, 뺄셈 순서로 계산합니다.

✪ 분수와 소수가 있는 복잡한 혼합 계산

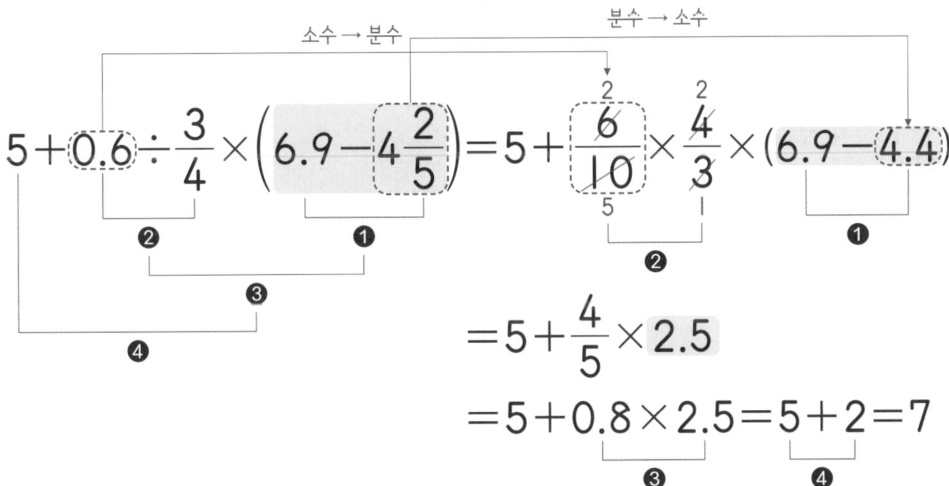

$$5+0.6\div\frac{3}{4}\times\left(6.9-4\frac{2}{5}\right)=5+\frac{6}{10}\times\frac{4}{3}\times(6.9-4.4)$$

$$=5+\frac{4}{5}\times2.5$$

$$=5+0.8\times2.5=5+2=7$$

곱셈과 나눗셈이 섞여 있는 식은 앞에서부터 차례로 계산해 주면 끝~.
곱셈과 나눗셈은 덧셈과 뺄셈보다 먼저 계산해요!
앞에서부터 차례로!

처음부터 모든 분수를 소수로 바꾸거나 모든 소수를 분수로 바꾸게 되면 계산이 복잡해질 수 있어요. 계산하면서 필요할 때마다 바꾸는 게 좋아요.

( ) 안을 ⬭로 묶고 계산하세요.

❶ $6.3 \times \frac{4}{9} + \frac{4}{5} \div \left(4.2 - 3\frac{3}{5}\right) =$

①, ②, ③, ④

❷ $18.2 \div \left(\frac{2}{3} + 1.5\right) \times 1\frac{3}{7} - 5\frac{1}{2} =$

①, ②, ③, ④

계산 순서도 표시해요!

❸ $\left(2\frac{1}{3} + 2\frac{1}{6}\right) \times 4 \div 2\frac{2}{3} - 6.25 =$

❹ $2\frac{3}{4} \times 4.8 \div \left(5.3 - 2\frac{1}{2}\right) + 2.5 =$

❺ $2\frac{2}{5} \times 0.625 - 0.8 \div \left(\frac{3}{4} + 1.75\right) =$

복잡한 계산일수록 계산 순서를 먼저 정확히 정한 다음 문제를 푸는 습관을 기르도록 해요.

( ) 안을 ◯로 묶고 계산하세요.

❶ $5-2\frac{1}{3}\times0.5\div\left(1.3+\frac{1}{5}\right)=$

①, ②, ③, ④

❷ $0.4\times2\frac{1}{4}\div\left(6.75-3\frac{3}{4}\right)+8.5=$

①, ②, ③, ④

계산 순서도 표시해요!

❸ $2\frac{1}{5}\div\left(\frac{2}{3}-\frac{4}{15}\right)\times0.2+3.2=$

❹ $\left(1.3+2\frac{3}{10}\right)\times3.5\div4\frac{1}{2}-0.9=$

❺ $1\frac{2}{3}+7\frac{1}{2}\times2\div\left(2.77-1\frac{13}{25}\right)=$

계산이 복잡해 보이지만 분수의 계산에서 약분하면 답이 간단하게 나오기도 해요.
복잡한 계산도 약분을 틈틈이 하면 간단해져요.

( ) 안을 ◯로 묶고 계산하세요.

❶ $\left(\frac{2}{3} \times 0.5 + 1.3\right) \div 1\frac{2}{5} - 0.7 =$

① ② ③ ④

❷ $1.04 + \frac{3}{5} \times \left(4.2 - 1\frac{1}{2} \div 0.5\right) =$

① ② ③ ④

계산 순서도
표시해요!

❸ $2\frac{1}{4} \div \left(3.5 \times 2\frac{1}{5} - 6.2\right) + 3 =$

❹ $\frac{5}{6} \times 1.2 - \left(0.75 \div 1\frac{7}{8} + \frac{1}{3}\right) =$

❺ $3\frac{3}{4} \div \left(7.1 - 1\frac{3}{5} \times 3.5\right) + \frac{3}{8} =$

( )가 여러 개 있으면 ( ) 안을 각각 계산하고,
그 밖의 수식을 계산하면 돼요.

( ) 안을 각각 ◯로 묶고 계산하세요.

❶ $4 \times \left(3.5 - 1\frac{1}{4}\right) \div \left(1\frac{4}{5} + 2.7\right) =$

①, ②, ③, ④

❷ $\left(1\frac{7}{8} + 0.4\right) \times 1.6 \div \left(2\frac{1}{2} - 1.2\right) =$

①, ②, ③, ④

계산 순서도 표시해요!

❸ $\left(6\frac{1}{2} - 3.26\right) \div \left(1.8 \times 1\frac{1}{2}\right) + 0.7 =$

❹ $\left(3\frac{1}{5} + 1.76 \times 1\frac{1}{4}\right) \div \left(4\frac{9}{10} - 2.4\right) =$

❺ $\left(7\frac{3}{8} - 2.25\right) \times \left(1\frac{3}{5} \div 3.2 + 2\frac{1}{2}\right) =$

도전! 땅 짚고 헤엄치는 문장제

기초 문장제로 연산의 기본 개념을 익혀 봐요!

식을 읽은 문장을 완성하세요.

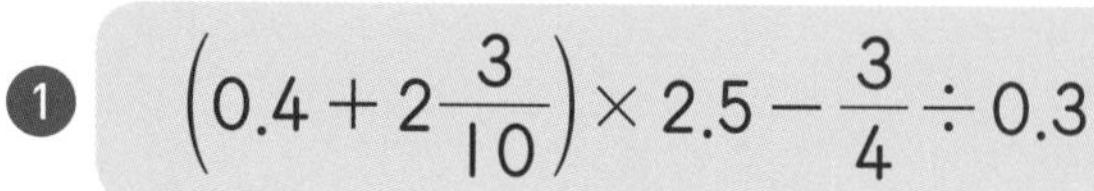

1 $\left(0.4+2\frac{3}{10}\right)\times 2.5-\frac{3}{4}\div 0.3$

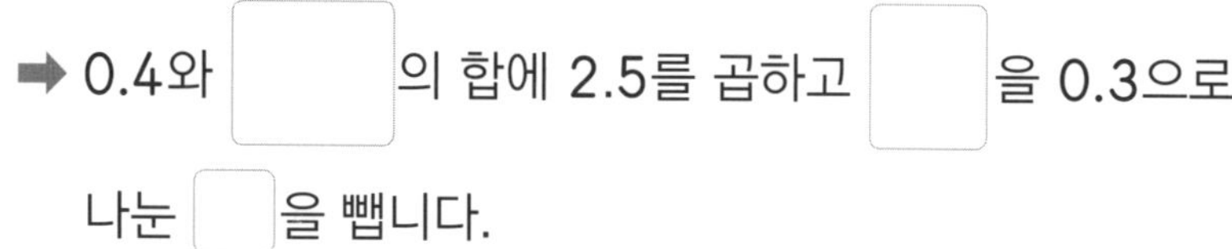

➡ 0.4와 ☐의 합에 2.5를 곱하고 ☐을 0.3으로 나눈 ☐을 뺍니다.

- + ➡ 합, 더하고, 더한
- − ➡ 차, 빼고, 뺀
- × ➡ 곱한, ●배
- ÷ ➡ 나눈 몫

다음 문장을 읽고 하나의 식으로 나타내어 답을 구하세요.

2 $1\frac{2}{3}$와 2.4의 곱에서 1.25와 $\frac{3}{4}$의 합을 0.6으로 나눈 몫을 뺀 수는 얼마일까요?

식

답

0.6으로 나누어야 할 부분은 '1.25와 $\frac{3}{4}$의 합'이에요. 밑줄 친 부분을 한 덩어리로 생각하고 ( )로 묶어요.

3 3.4와 $2\frac{3}{5}$의 차에 0.75를 곱하고 $\frac{1}{4}$을 0.2로 나눈 몫을 더한 수는 얼마일까요?

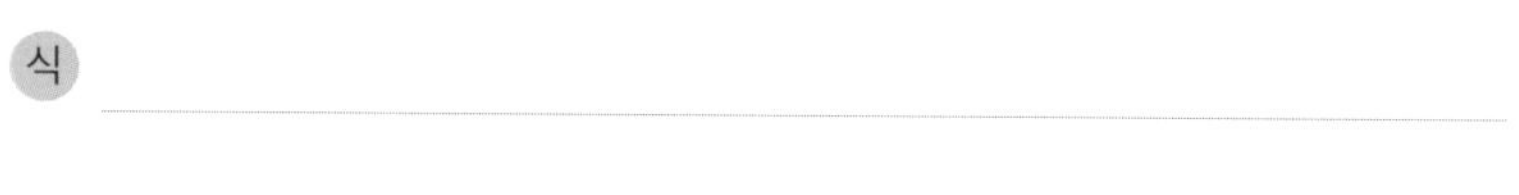

식

답

2 문장을 끊어 읽으면 하나의 식으로 나타내기 쉬워요.

$1\frac{2}{3}$와 2.4의 곱에서 / 1.25와 $\frac{3}{4}$의 합을 / 0.6으로 나눈 몫을 / 뺀 수

$1\frac{2}{3}\times 2.4$ — $\left(1.25+\frac{3}{4}\right)$ $\div 0.6$

활용 문장제

20 분수와 소수의 혼합 계산 문장제

✪ 분수와 소수의 혼합 계산 문장제

길이가 $7\frac{1}{2}$ m인 끈을 1.5 m 잘라 낸 후 한 명이 0.75 m씩 나누어 가졌습니다. 모두 몇 명이 나누어 가졌을까요?

1단계 문장을 /로 끊어 읽고 조건을 수와 연산 기호로 나타냅니다.

길이가 $7\frac{1}{2}$ m인 끈을 1.5 m 잘라 낸 후 / ➡ $\left(7\frac{1}{2}-1.5\right)$

$\left(7\frac{1}{2}-1.5\right)$

한 명이 0.75 m씩 나누어 가졌습니다. / ➡ $\div 0.75$

$\div 0.75$

모두 몇 명이 나누어 가졌을까요?

2단계 하나의 식으로 나타냅니다.

$\left(7\frac{1}{2} \bigcirc 1.5\right) \bigcirc 0.75$

'잘라 내고 남은 끈의 길이'를 먼저 계산해야 하므로 $7\frac{1}{2}-1.5$를 ( )로 묶어야 해요.

3단계 식을 순서에 맞게 계산하고 알맞은 단위를 붙여 답을 씁니다.

$$\left(7\frac{1}{2}-1.5\right)\div 0.75=(7.5-1.5)\div 0.75$$
$$=6\div 0.75=8$$

❶ ❷

➡ 나누어 가진 사람 수: ☐명

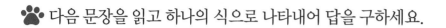

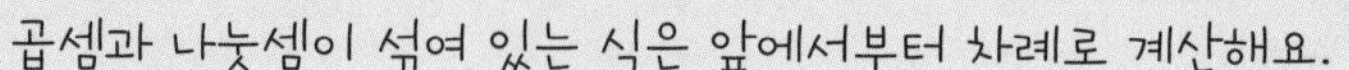
곱셈과 나눗셈이 섞여 있는 식은 앞에서부터 차례로 계산해요.

다음 문장을 읽고 하나의 식으로 나타내어 답을 구하세요.

1 오렌지 0.8 kg의 값이 2800원입니다. 오렌지 $\frac{3}{10}$ kg의 값은 얼마일까요?

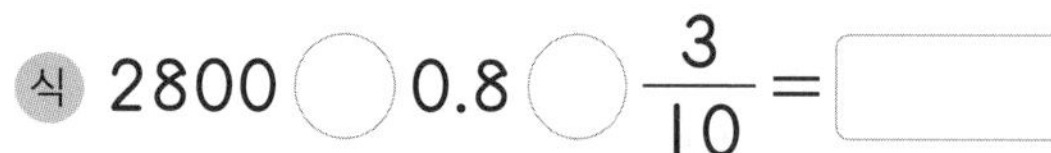
식 2800 ◯ 0.8 ◯ $\frac{3}{10}$ = □

답 원
단위를 꼭 써요!

• 오렌지 1 kg의 값
➡ □ ÷ □ 원
오렌지 1 kg의 값에 구하려는 오렌지의 무게를 곱하면 돼요.

2 딸기 $1\frac{3}{5}$ kg의 값이 4000원입니다. 딸기 2.8 kg의 값은 얼마일까요?

식
답

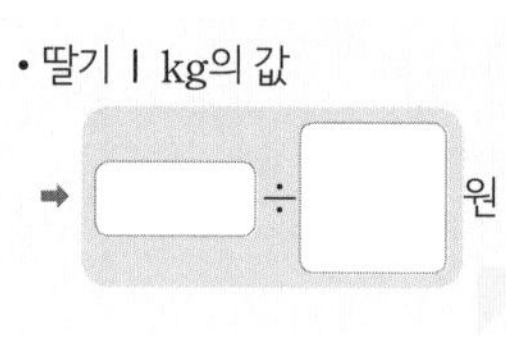
• 딸기 1 kg의 값
➡ □ ÷ □ 원

3 포도 $2\frac{1}{8}$ kg의 값이 17000원입니다. 포도 1.7 kg의 값은 얼마일까요?

식
답

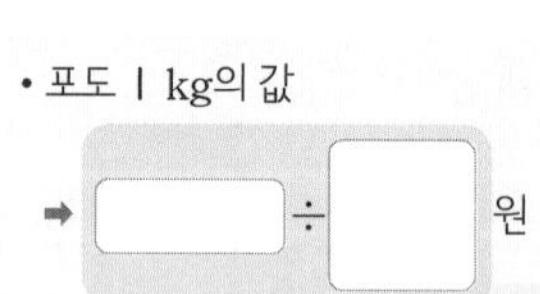
• 포도 1 kg의 값
➡ □ ÷ □ 원

삼각형의 넓이를 구하는 식을 이용하여 하나의 식으로 나타낸 다음 계산 순서에 맞게 차근차근 계산해 보세요.

다음 문장을 읽고 하나의 식으로 나타내어 답을 구하세요.

❶ 밑변의 길이가 2.5 cm이고 높이가 $3\frac{1}{5}$ cm인 삼각형의 넓이는 몇 cm^2일까요?

(삼각형의 넓이)
=(밑변의 길이)×(높이)÷2

식 2.5 ◯ $3\frac{1}{5}$ ◯ 2 = □

답 ________

❷ 밑변의 길이가 3.2 m이고 높이가 $2\frac{1}{4}$ m인 삼각형의 넓이는 몇 m^2일까요?

식 ________

답 ________

❸ 넓이가 $12\frac{2}{5}$ m^2인 삼각형이 있습니다. 높이가 3.875 m이면 밑변의 길이는 몇 m일까요?

(밑변의 길이)
=(삼각형의 넓이)×2÷(높이)

식 ________

답 ________

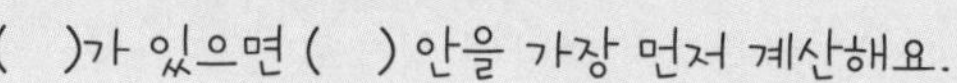

다음 문장을 읽고 하나의 식으로 나타내어 답을 구하세요.

❶ 음료수가 $4\frac{1}{10}$ L 있습니다. 이 중 0.5 L를 마시고 남은 음료수를 한 사람에게 0.45 L씩 나누어 준다면 모두 몇 명에게 나누어 줄 수 있을까요?

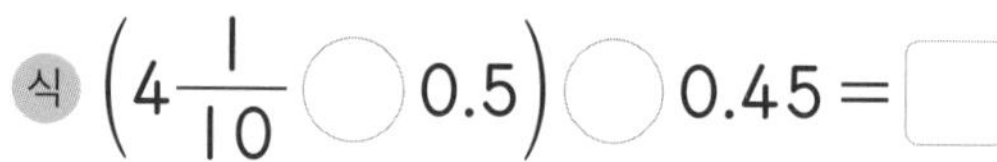

• 마시고 남은 음료수 양

0.45 L씩 나누어 줄 음료수는 '$4\frac{1}{10}$ L에서 0.5 L를 마시고 남은 음료수의 양'이에요. 먼저 계산하는 이 부분을 ( )로 묶어 나타내요.

❷ 간장이 $3\frac{2}{5}$ L 있습니다. 요리하면서 1.5 L를 사용하고 남은 간장을 5개의 병에 똑같이 나누어 담으려고 합니다. 한 병에 몇 L씩 담으면 될까요?

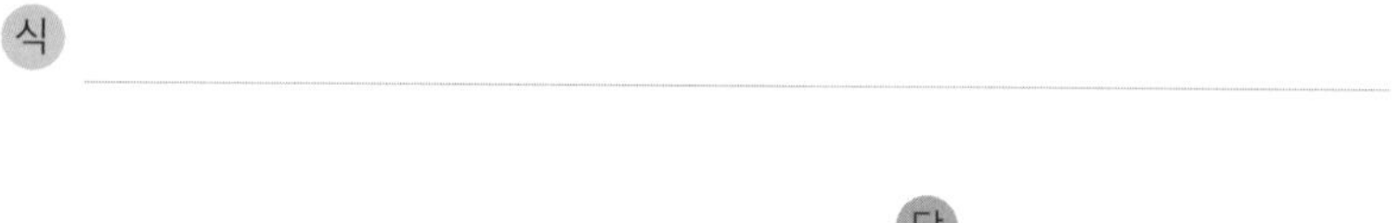

• 사용하고 남은 간장 양

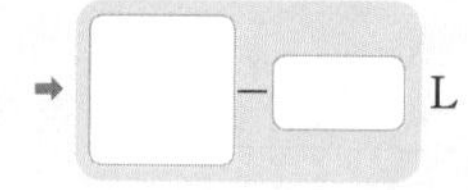

❸ 길이가 11.55 m인 쇠 파이프가 있습니다. 이 중 $\frac{3}{4}$ m를 잘라 수도관을 연결하는 데 사용하고 남은 부분을 똑같이 1.8 m씩 잘랐습니다. 모두 몇 도막으로 잘랐을까요?

• 사용하고 남은 쇠 파이프 길이

사다리꼴의 넓이를 구하는 식을 이용하여 하나의 식으로 나타낸 다음 계산 순서에 맞게 차근차근 계산해 보세요.

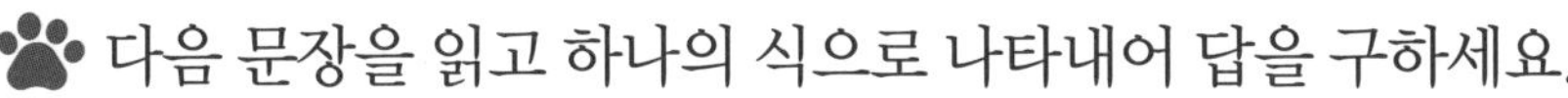

다음 문장을 읽고 하나의 식으로 나타내어 답을 구하세요.

(사다리꼴의 넓이)
=((윗변의 길이)+(아랫변의 길이))×(높이)÷2

❶ 윗변의 길이가 $1\frac{1}{4}$ cm, 아랫변의 길이가 2.75 cm이고 높이가 $3\frac{1}{2}$ cm인 사다리꼴의 넓이는 몇 cm^2일까요?

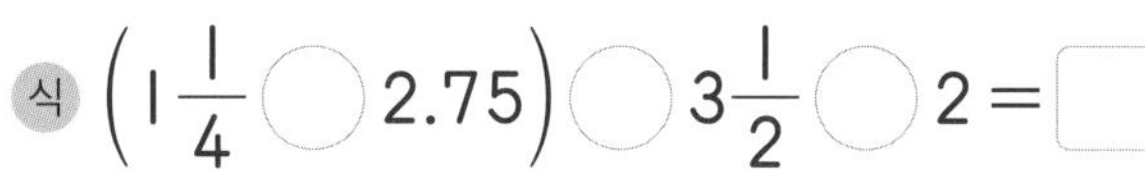

식 $\left(1\frac{1}{4} \bigcirc 2.75\right) \bigcirc 3\frac{1}{2} \bigcirc 2 = \square$

답 ______

사다리꼴의 넓이를 구할 땐 '윗변과 아랫변의 길이의 합'을 먼저 계산하므로 이 부분을 ( )로 묶어 나타내요.

❷ 윗변의 길이가 3.8 cm, 아랫변의 길이가 $5\frac{4}{5}$ cm이고 높이가 $2\frac{1}{6}$ cm인 사다리꼴의 넓이는 몇 cm^2일까요?

식 ______

답 ______

❸ 윗변의 길이가 5.2 m, 아랫변의 길이가 $9\frac{1}{2}$ m이고 높이가 $6\frac{2}{3}$ m인 사다리꼴의 넓이는 몇 m^2일까요?

식 ______

답 ______

여기까지 오느라
정말 수고했어요!
조금만 더 힘내요!

1시간은 60분이므로 ■시간 ●분을 몇 시간으로 나타내면 ■$\frac{●}{60}$시간이에요.

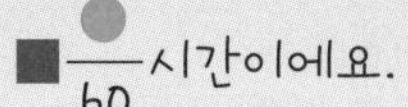

다음 문장을 읽고 하나의 식으로 나타내어 답을 구하세요.

❶ 은서는 1시간 20분 동안 3.6 km를 걸어갔습니다. 같은 빠르기로 $2\frac{2}{3}$시간 동안에는 몇 km를 걸어갈 수 있을까요?

식 3.6 ◯ $1\frac{1}{3}$ ◯ $2\frac{2}{3}$ = □

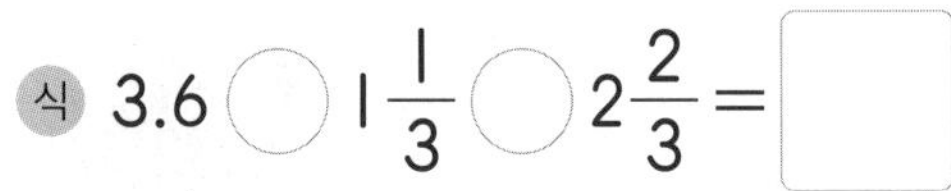

답 ______

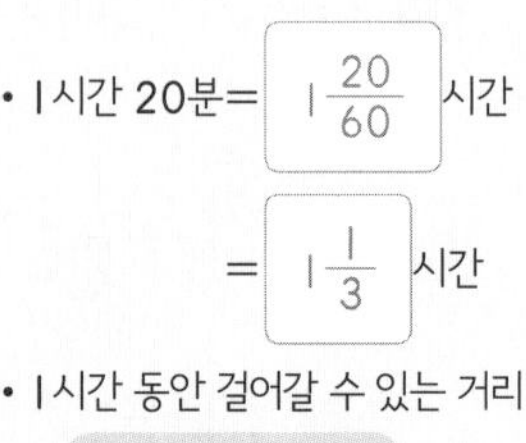

• 1시간 20분= $1\frac{20}{60}$ 시간

= $1\frac{1}{3}$ 시간

• 1시간 동안 걸어갈 수 있는 거리

➡ □ ÷ □ km

❷ 어떤 버스가 1시간 30분 동안 100.5 km를 달렸습니다. 같은 빠르기로 $2\frac{2}{5}$시간 동안에는 몇 km를 달릴 수 있을까요?

식 ______

답 ______

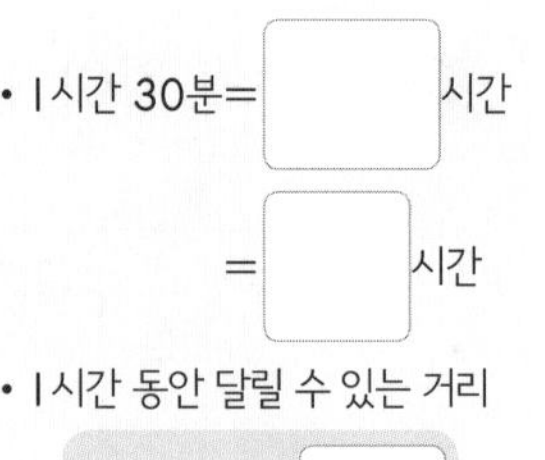

• 1시간 30분= □ 시간

= □ 시간

• 1시간 동안 달릴 수 있는 거리

➡ □ ÷ □ km

❸ 어떤 자동차가 4시간 15분 동안 222.7 km를 달렸습니다. 같은 빠르기로 $\frac{5}{6}$시간 동안에는 몇 km를 달릴 수 있을까요?

식 ______

답 ______

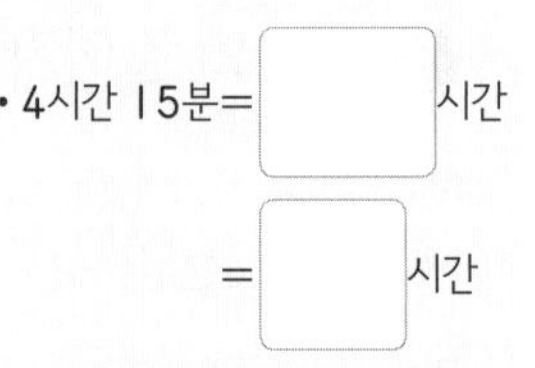

• 4시간 15분= □ 시간

= □ 시간

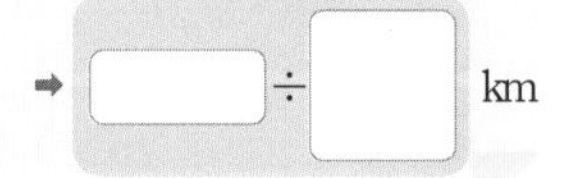

• 1시간 동안 달릴 수 있는 거리

➡ □ ÷ □ km

초등 수학 공부, 이렇게 하면 효과적!

"펑펑 내려야 눈이 쌓이듯 공부도 집중해야 실력이 쌓인다!"

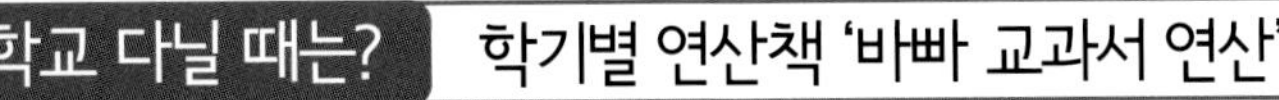

학교 다닐 때는? 학기별 연산책 '바빠 교과서 연산'

'바빠 교과서 연산'부터 시작하세요. 학기별 진도에 딱 맞춘 쉬운 연산 책이니까요! 방학 동안 다음 학기 선행을 준비할 때도 '바빠 교과서 연산'으로 시작하세요! 교과서 순서대로 빠르게 공부할 수 있어, 첫 번째 수학 책으로 추천합니다.

시험이나 서술형 대비는? '나 혼자 푼다! 수학 문장제'

학교 시험을 대비하고 싶다면 '나 혼자 푼다! 수학 문장제'로 공부하세요. 너무 어렵지도 쉽지도 않은 딱 적당한 난이도로, 빈칸을 채우면 풀이 과정이 완성됩니다! 막막하지 않아요~ 요즘 학교 시험 풀이 과정을 손쉽게 연습할 수 있습니다.

방학 때는? 10일 완성 영역별 연산책 '바빠 연산법'

내가 부족한 영역만 골라 보충할 수 있어요! 예를 들어 4학년인데 나눗셈이 어렵다면 나눗셈만, 분수가 어렵다면 분수만 골라 훈련하세요. 방학 때나 학습 결손이 생겼을 때, 취약한 연산 구멍을 빠르게 메꿀 수 있어요!

바빠 연산 영역 :
덧셈, 뺄셈, 구구단, 시계와 시간, 길이와 시간 계산, 곱셈, 나눗셈, 약수와 배수, 분수, 소수, 자연수의 혼합 계산, 분수와 소수의 혼합 계산, 평면도형 계산, 입체도형 계산, 비와 비례, 방정식, 확률과 통계

바빠 시리즈 초등 학년별 추천 도서

학년	학기별 연산책 바빠 교과서 연산 학기 중, 선행용으로 추천!	나 혼자 푼다! 수학 문장제 학교 시험 서술형 완벽 대비!
1학년	·바쁜 1학년을 위한 빠른 **교과서 연산 1-1** ·바쁜 1학년을 위한 빠른 **교과서 연산 1-2**	·나 혼자 푼다! **수학 문장제 1-1** ·나 혼자 푼다! **수학 문장제 1-2**
2학년	·바쁜 2학년을 위한 빠른 **교과서 연산 2-1** ·바쁜 2학년을 위한 빠른 **교과서 연산 2-2**	·나 혼자 푼다! **수학 문장제 2-1** ·나 혼자 푼다! **수학 문장제 2-2**
3학년	·바쁜 3학년을 위한 빠른 **교과서 연산 3-1** ·바쁜 3학년을 위한 빠른 **교과서 연산 3-2**	·나 혼자 푼다! **수학 문장제 3-1** ·나 혼자 푼다! **수학 문장제 3-2**
4학년	·바쁜 4학년을 위한 빠른 **교과서 연산 4-1** ·바쁜 4학년을 위한 빠른 **교과서 연산 4-2**	·나 혼자 푼다! **수학 문장제 4-1** ·나 혼자 푼다! **수학 문장제 4-2**
5학년	·바쁜 5학년을 위한 빠른 **교과서 연산 5-1** ·바쁜 5학년을 위한 빠른 **교과서 연산 5-2**	·나 혼자 푼다! **수학 문장제 5-1** ·나 혼자 푼다! **수학 문장제 5-2**
6학년	·바쁜 6학년을 위한 빠른 **교과서 연산 6-1** ·바쁜 6학년을 위한 빠른 **교과서 연산 6-2**	·나 혼자 푼다! **수학 문장제 6-1** ·나 혼자 푼다! **수학 문장제 6-2**

'바빠 교과서 연산'과
'나 혼자 문장제'를
함께 풀면
한 학기 수학 완성!

학기별 계산력 강화 프로그램
바쁜 5학년을 위한 빠른 교과서 연산
5-2학기
5분 공부해도 15분 공부한 효과!

초등학생을 위한 빠른 학습법 – 서술형 기본서
나 혼자 푼다! 수학 문장제 초등 5-2

중학 수학까지 연결되는 혼합 계산 끝내기

바쁜
빠른
초등학생을 위한
분수와 소수의
혼합 계산

★ 바쁜 친구들이 즐거워지는 빠른 학습법 ★
바빠
연산법
시리즈

징검다리 교육연구소, 호사라 지음

정답 및 풀이

먼저 푸는
계산을 덩어리로
묶는 게 비법!
0.3 + $\frac{1}{2}$ × $\frac{2}{5}$
덩어리 묶음 계산법!

한 권으로 총정리!

- 분수의 혼합 계산
- 소수의 혼합 계산
- 분수와 소수의 혼합 계산

예비 중1 필독서

이지스에듀

맨날 노는데
수학 잘하는 너!
도대체 비결이
뭐야?

① 정답을 확인한 후 틀린 문제는 ☆표를 쳐 놓으세요~.

② 그런 다음 연습장에 틀린 문제를 옮겨 적으세요.

③ 그리고 그 문제들만 한 번 더 풀어 보세요.

시간은 얼마 걸리지 않아요. 그러나 이때 실력이 확 붙는 거예요.
아는 문제를 여러 번 다시 푸는 건 시간 낭비예요.
내가 틀린 문제만 모아서 풀면 아무리 바쁘더라도
수학 실력을 키울 수 있어요!

비결은
간단해!

바쁜 초등학생을 위한 빠른 분수와 소수의 혼합 계산

정답 및 풀이

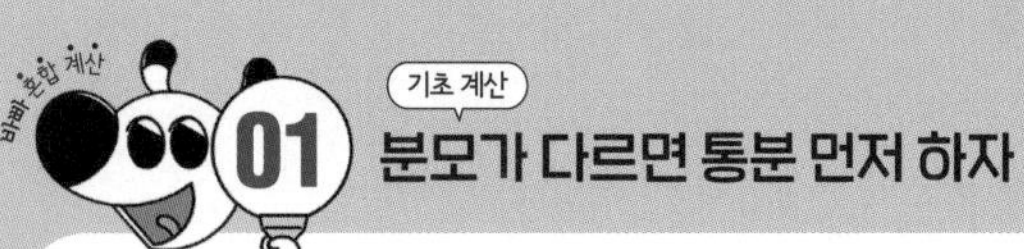

01 분모가 다르면 통분 먼저 하자

기초 계산

14~15쪽

분모가 같은 분수의 덧셈과 뺄셈

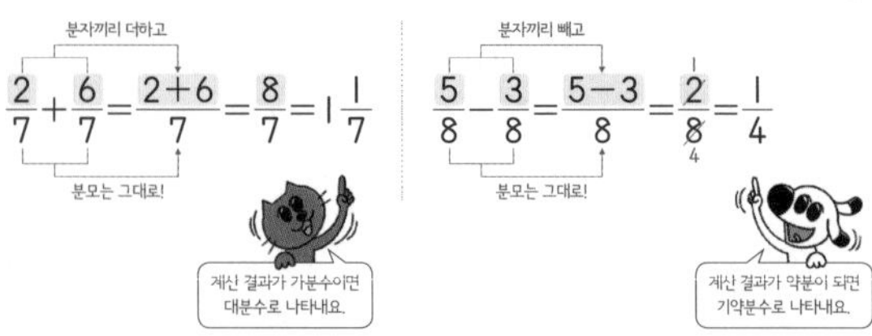

분자끼리 더하고

$\frac{2}{7}+\frac{6}{7}=\frac{2+6}{7}=\frac{8}{7}=1\frac{1}{7}$

분모는 그대로!

분자끼리 빼고

$\frac{5}{8}-\frac{3}{8}=\frac{5-3}{8}=\frac{2}{8}=\frac{1}{4}$

분모는 그대로!

계산 결과가 가분수이면 대분수로 나타내요.

계산 결과가 약분이 되면 기약분수로 나타내요.

분모가 다른 분수의 덧셈과 뺄셈

$\frac{1}{4}+\frac{1}{6}=\frac{1\times3}{4\times3}+\frac{1\times2}{6\times2}=\frac{3}{12}+\frac{2}{12}=\frac{5}{12}$

최소공배수: 12 / 분모를 통분해요.

$\frac{4}{5}-\frac{1}{2}=\frac{4\times2}{5\times2}-\frac{1\times5}{2\times5}=\frac{8}{10}-\frac{5}{10}=\frac{3}{10}$

분모의 곱: 10 / 분모를 통분해요.

분모를 같게 만들어야 분자끼리 더하거나 뺄 수 있어요.

분모가 다른 대분수의 덧셈과 뺄셈

$2\frac{1}{2}+1\frac{1}{8}=2\frac{4}{8}+1\frac{1}{8}=(2+1)+\left(\frac{4}{8}+\frac{1}{8}\right)=3+\frac{5}{8}=3\frac{5}{8}$

① 분모를 통분해요. ② 자연수끼리, 분수끼리 더해요.

$2\frac{5}{6}-1\frac{2}{9}=2\frac{15}{18}-1\frac{4}{18}=(2-1)+\left(\frac{15}{18}-\frac{4}{18}\right)=1+\frac{11}{18}=1\frac{11}{18}$

① 분모를 통분해요. ② 자연수끼리, 분수끼리 빼요.

A 분수의 덧셈과 뺄셈에서 분모가 다를 때 최소공배수를 공통분모로 하면 수가 작아져서 계산이 편해져요.

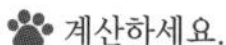

계산하세요.

① $\frac{1}{5}+\frac{3}{5}=\frac{1+3}{5}=\frac{4}{5}$

② $\frac{5}{9}+\frac{2}{9}=\frac{7}{9}$

③ $\frac{3}{4}-\frac{1}{4}=\frac{3-1}{4}=\frac{2}{4}=\frac{1}{2}$ (기약분수로 나타내요.)

④ $\frac{9}{11}-\frac{4}{11}=\frac{5}{11}$

⑤ $\frac{1}{2}+\frac{1}{3}=\frac{3}{6}+\frac{2}{6}=\frac{5}{6}$

⑥ $\frac{1}{5}+\frac{1}{10}=\frac{3}{10}$

⑦ $\frac{1}{8}+\frac{3}{4}=\frac{7}{8}$

⑧ $\frac{1}{6}+\frac{11}{12}=1\frac{1}{12}$

⑨ $\frac{2}{3}-\frac{1}{4}=\frac{8}{12}-\frac{3}{12}=\frac{5}{12}$

⑩ $\frac{4}{9}-\frac{1}{6}=\frac{5}{18}$

⑪ $\frac{3}{8}-\frac{3}{10}=\frac{3}{40}$

⑫ $\frac{5}{6}-\frac{3}{8}=\frac{11}{24}$

B 대분수의 덧셈과 뺄셈은 분모가 같으면 자연수는 자연수끼리, 분수는 분수끼리 계산하거나 대분수를 가분수로 바꿔서 계산해요.

계산하세요.

① $1\frac{3}{7}+2\frac{1}{7}=(1+2)+\left(\frac{3}{7}+\frac{1}{7}\right)=3+\frac{4}{7}=3\frac{4}{7}$

자연수끼리~ 분수끼리!

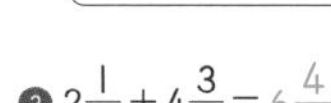

대분수를 가분수로 바꿔서 계산할 수도 있어요.
$1\frac{3}{7}+2\frac{1}{7}=\frac{10}{7}+\frac{15}{7}=\frac{25}{7}=3\frac{4}{7}$

② $2\frac{1}{5}+4\frac{3}{5}=6\frac{4}{5}$

③ $1\frac{1}{9}+3\frac{4}{9}=4\frac{5}{9}$

④ $3\frac{2}{11}+1\frac{5}{11}=4\frac{7}{11}$

⑤ $5\frac{2}{15}+2\frac{11}{15}=7\frac{13}{15}$

⑥ $2\frac{4}{5}-1\frac{1}{5}=\frac{14}{5}-\frac{6}{5}=\frac{8}{5}=1\frac{3}{5}$

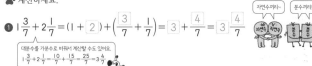

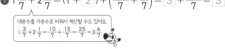

자연수는 자연수끼리, 분수는 분수끼리 계산할 수도 있어요.
$2\frac{4}{5}-1\frac{1}{5}=(2-1)+\left(\frac{4}{5}-\frac{1}{5}\right)=1+\frac{3}{5}=1\frac{3}{5}$

⑦ $4\frac{2}{3}-2\frac{1}{3}=2\frac{1}{3}$

⑧ $5\frac{4}{7}-1\frac{1}{7}=4\frac{3}{7}$

⑨ $3\frac{8}{9}-1\frac{7}{9}=2\frac{1}{9}$

⑩ $6\frac{3}{13}-3\frac{2}{13}=3\frac{1}{13}$

C 대분수의 덧셈과 뺄셈은 분모가 다르면 통분한 다음 계산해요.

계산하세요.

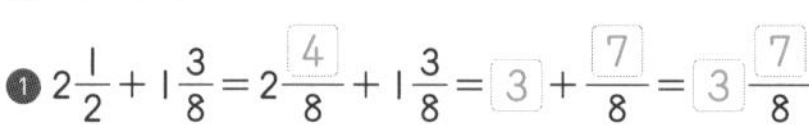

① $2\frac{1}{2}+1\frac{3}{8}=2\frac{4}{8}+1\frac{3}{8}=3+\frac{7}{8}=3\frac{7}{8}$

분모를 같게 만들어야 더할 수 있어요.

② $1\frac{1}{5}+2\frac{1}{3}=3\frac{8}{15}$

③ $1\frac{2}{3}+2\frac{1}{9}=3\frac{7}{9}$

④ $2\frac{1}{4}+3\frac{1}{6}=5\frac{5}{12}$

⑤ $2\frac{3}{10}+1\frac{1}{4}=3\frac{11}{20}$

⑥ $2\frac{2}{3}-1\frac{1}{2}=\frac{8}{3}-\frac{3}{2}=\frac{16}{6}-\frac{9}{6}=\frac{7}{6}=1\frac{1}{6}$

⑦ $5\frac{3}{4}-1\frac{2}{5}=4\frac{7}{20}$

⑧ $5\frac{7}{8}-1\frac{1}{2}=4\frac{3}{8}$

⑨ $6\frac{3}{5}-3\frac{1}{15}=3\frac{8}{15}$

⑩ $3\frac{5}{6}-1\frac{2}{9}=2\frac{11}{18}$

18~19쪽

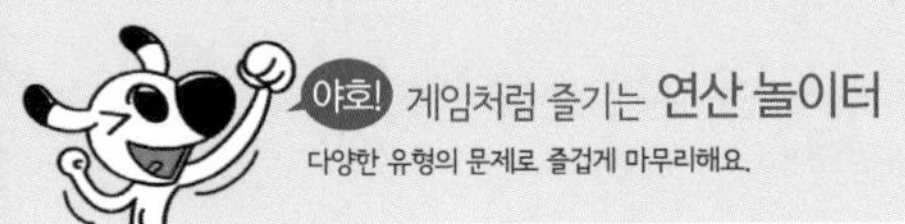

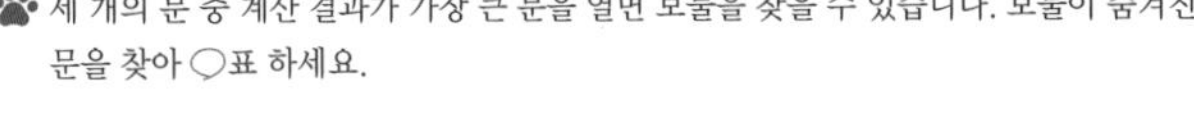

세 개의 문 중 계산 결과가 가장 큰 문을 열면 보물을 찾을 수 있습니다. 보물이 숨겨진 문을 찾아 ○표 하세요.

$=\frac{1}{2}$ $=\frac{1}{7}$ $=\frac{1}{4}$

$=1\frac{1}{3}$ $=2\frac{3}{7}$ $=2\frac{3}{5}$

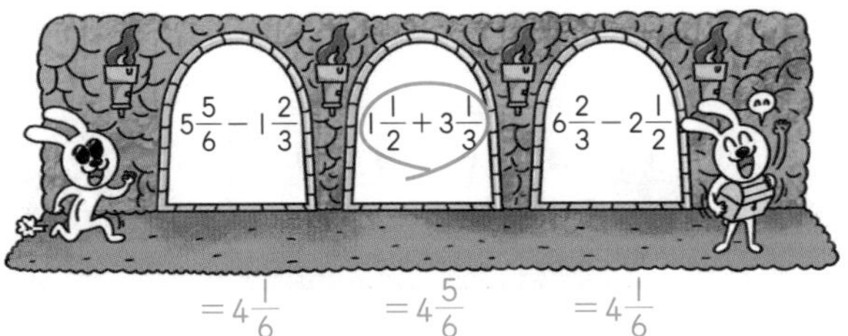

$=4\frac{1}{6}$ $=4\frac{5}{6}$ $=4\frac{1}{6}$

기초 계산 02 약분을 먼저 하면 계산이 간단해져

분수의 곱셈

방법1 분모는 분모끼리, 분자는 분자 끼리 곱합니다.

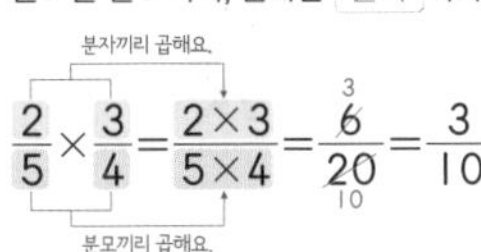

$\frac{2}{5}\times\frac{3}{4}=\frac{2\times3}{5\times4}=\frac{\overset{3}{\cancel{6}}}{\underset{10}{\cancel{20}}}=\frac{3}{10}$

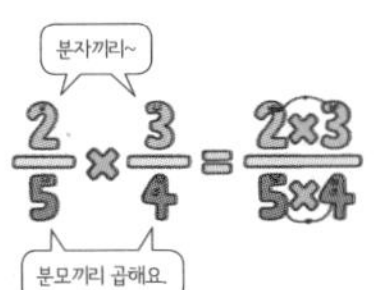

방법2 곱셈식에서 약분 을 먼저 한 다음 계산합니다.

$\frac{\overset{1}{\cancel{2}}}{5}\times\frac{3}{\underset{2}{\cancel{4}}}=\frac{1\times3}{5\times2}=\frac{3}{10}$

곱셈을 하기 전에 약분을 먼저 하면 계산이 훨씬 쉬워요.

분수의 나눗셈

$\frac{3}{4}\div\frac{5}{6}=\frac{3}{\underset{2}{\cancel{4}}}\times\frac{\overset{3}{\cancel{6}}}{5}=\frac{3\times3}{2\times5}=\frac{9}{10}$

분모와 분자를 바꿔서 곱셈으로 나타내요.

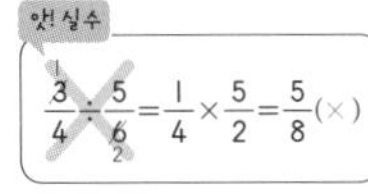

20~21쪽

$\frac{\overset{1}{\cancel{4}}}{5}\times\frac{5}{\underset{2}{\cancel{8}}}=\frac{1}{2}$ 곱셈식에서 서로 다른 분모와 분자를 먼저 약분한 다음 분모는 분모끼리, 분자는 분자끼리 곱하면 편해요.

계산하세요.

1. $\frac{1}{\underset{2}{\cancel{4}}}\times\frac{\overset{1}{\cancel{2}}}{3}=\frac{1\times1}{2\times3}=\frac{1}{6}$

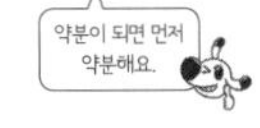

2. $\frac{5}{6}\times\frac{3}{4}=\frac{5}{8}$
3. $\frac{3}{5}\times\frac{5}{12}=\frac{1}{4}$
4. $\frac{14}{15}\times\frac{6}{7}=\frac{4}{5}$
5. $\frac{5}{6}\times\frac{9}{20}=\frac{3}{8}$
6. $\frac{9}{14}\times\frac{7}{24}=\frac{3}{16}$
7. $\frac{2}{3}\div\frac{7}{9}=\frac{2}{\underset{1}{\cancel{3}}}\times\frac{\overset{3}{\cancel{9}}}{7}=\frac{6}{7}$
8. $\frac{3}{4}\div\frac{5}{8}=1\frac{1}{5}$
9. $\frac{5}{6}\div\frac{10}{11}=\frac{11}{12}$
10. $\frac{5}{12}\div\frac{4}{9}=\frac{15}{16}$
11. $\frac{8}{15}\div\frac{4}{5}=\frac{2}{3}$
12. $\frac{9}{16}\div\frac{3}{10}=1\frac{7}{8}$

곱셈식에서 대분수는 가분수로 바꾼 다음 분모는 분모끼리, 분자는 분자끼리 곱해요. 이때 계산 과정에서 약분이 되면 약분해요!

계산하세요.

1. $1\frac{3}{4}\times2\frac{2}{5}=\frac{7}{\underset{1}{\cancel{4}}}\times\frac{\overset{3}{\cancel{12}}}{5}=\frac{7\times3}{1\times5}=\frac{21}{5}=4\frac{1}{5}$

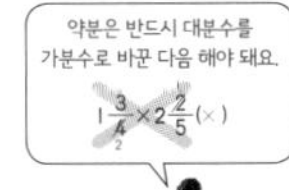

2. $1\frac{2}{3}\times1\frac{2}{7}=2\frac{1}{7}$
3. $1\frac{1}{8}\times1\frac{3}{5}=1\frac{4}{5}$
4. $1\frac{4}{5}\times1\frac{1}{9}=2$
5. $1\frac{3}{10}\times2\frac{1}{2}=3\frac{1}{4}$
6. $1\frac{1}{2}\div\frac{3}{4}=\frac{\overset{1}{\cancel{3}}}{\underset{1}{\cancel{2}}}\times\frac{\overset{2}{\cancel{4}}}{\underset{1}{\cancel{3}}}=2$
7. $1\frac{1}{6}\div\frac{2}{3}=1\frac{3}{4}$
8. $2\frac{2}{7}\div3\frac{1}{5}=\frac{5}{7}$
9. $2\frac{1}{3}\div1\frac{3}{4}=1\frac{1}{3}$
10. $1\frac{1}{9}\div2\frac{2}{9}=\frac{1}{2}$
11. $2\frac{5}{6}\div2\frac{1}{3}=1\frac{3}{14}$

22~23쪽

세 분수의 곱셈이나 나눗셈에서도 대분수가 있으면 먼저 대분수를 가분수로 바꾼 다음 계산해요.

계산하세요.

❶ $\frac{2}{3}\times\frac{3}{4}\times\frac{5}{7}=\frac{1\times1\times5}{1\times2\times7}=\frac{5}{14}$

❷ $\frac{4}{7}\times\frac{7}{8}\times\frac{5}{6}=\frac{5}{12}$

❸ $1\frac{1}{6}\times\frac{3}{7}\times\frac{5}{9}=\frac{5}{18}$

❹ $\frac{3}{7}\div\frac{2}{3}\div\frac{1}{2}=\frac{3}{7}\times\frac{3}{2}\times\frac{2}{1}=\frac{9}{7}=1\frac{2}{7}$

❺ $\frac{4}{15}\div\frac{1}{3}\div\frac{4}{7}=1\frac{2}{5}$

❻ $1\frac{2}{3}\div\frac{10}{13}\div\frac{5}{9}=3\frac{9}{10}$

❼ $\frac{5}{7}\div3\frac{1}{3}\div1\frac{1}{5}=\frac{5}{28}$

야호! 게임처럼 즐기는 연산 놀이터

다양한 유형의 문제로 즐겁게 마무리해요.

다음 식의 계산 결과에 해당하는 글자를 보기에서 찾아 아래 표의 빈칸에 차례로 써넣으면 고사성어가 완성됩니다. 완성된 고사성어를 쓰세요.

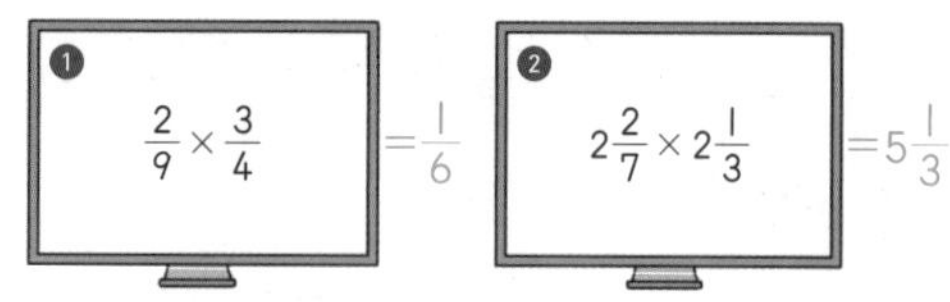

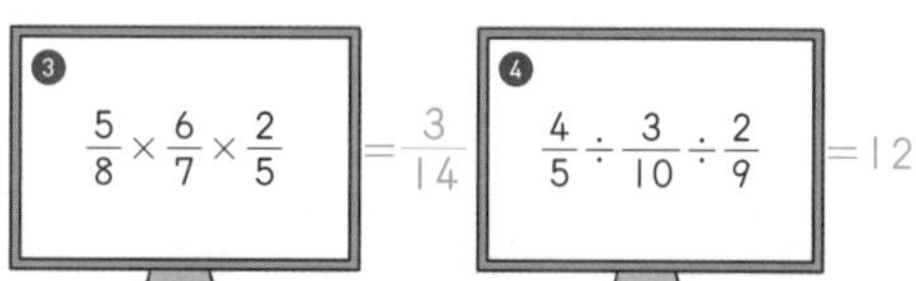

보기

$\frac{3}{14}$	$5\frac{1}{3}$	$1\frac{2}{5}$	12	$1\frac{2}{3}$	$\frac{1}{6}$
점	룡	공	정	생	화

❶ ❷ ❸ ❹
화 룡 점 정

완성된 고사성어는 '가장 중요한 부분을 완벽하게 하여 마무리한다'는 뜻이에요.

24~25쪽

바빠 혼합 계산

03 덧셈과 뺄셈이 섞여 있으면 통분하고 앞에서부터

✪ $\frac{1}{2}-\frac{1}{6}+\frac{1}{5}$의 계산

방법1 앞에서부터 차례로 두 분수씩 통분하여 계산합니다.

앞에서부터 차례로!

$$\frac{1}{2}-\frac{1}{6}+\frac{1}{5}=\frac{3}{6}-\frac{1}{6}+\frac{1}{5}=\frac{2}{6}+\frac{1}{5}$$
$$=\frac{10}{30}+\frac{6}{30}=\frac{16}{30}=\frac{8}{15}$$

방법2 세 분수를 한꺼번에 통분한 다음 앞에서부터 차례로 계산합니다.

$$\frac{1}{2}-\frac{1}{6}+\frac{1}{5}=\frac{15}{30}-\frac{5}{30}+\frac{6}{30}=\frac{10}{30}+\frac{6}{30}=\frac{16}{30}=\frac{8}{15}$$

앗! 실수

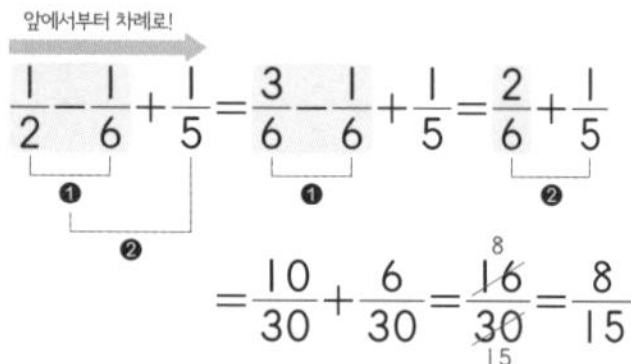

장면 퀴즈

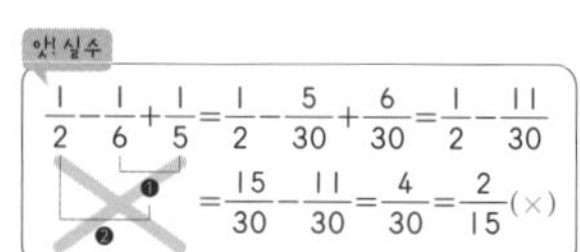

• 먼저 계산해야 할 부분에 ◯표 하세요.

$\frac{1}{3}-\frac{1}{4}+\frac{1}{6}$

자연수의 덧셈과 뺄셈이 섞여 있는 식의 계산과 계산 순서가 같아요. 덧셈과 뺄셈이 섞여 있는 식은 앞에서부터 차례로!

계산하세요.

❶ $\frac{3}{5}-\frac{1}{5}+\frac{4}{5}=\frac{2}{5}+\frac{4}{5}=\frac{6}{5}=1\frac{1}{5}$

계산 결과가 가분수이면 대분수로 나타내요.

❷ $\frac{3}{4}+\frac{1}{3}-\frac{7}{12}=\frac{9}{12}+\frac{4}{12}-\frac{7}{12}=\frac{13}{12}-\frac{7}{12}=\frac{6}{12}=\frac{1}{2}$

계산 순서도 표시해요!

❸ $\frac{2}{3}-\frac{1}{2}+\frac{5}{9}=\frac{13}{18}$

❹ $\frac{5}{6}+\frac{1}{4}-\frac{3}{8}=\frac{17}{24}$

❺ $\frac{5}{9}-\frac{4}{27}+\frac{1}{3}=\frac{20}{27}$

❻ $\frac{1}{12}+\frac{2}{5}-\frac{1}{4}=\frac{7}{30}$

❼ $\frac{6}{7}-\frac{3}{4}+\frac{5}{8}=\frac{41}{56}$

26~27쪽

두 분수씩 통분하여 계산하거나 한꺼번에 통분하여 계산하는 방법 중 자신이 편한 방법을 선택해서 계산하면 돼요.

🐾 계산하세요.

❶ $\frac{2}{5}+\frac{1}{2}-\frac{2}{3}=\frac{7}{30}$

❷ $\frac{3}{5}-\frac{1}{2}+\frac{3}{4}=\frac{17}{20}$

계산 순서도 표시해요!

❸ $\frac{3}{8}+\frac{1}{10}-\frac{2}{5}=\frac{3}{40}$

❹ $\frac{3}{4}-\frac{9}{16}+\frac{1}{8}=\frac{5}{16}$

❺ $\frac{1}{6}+\frac{7}{9}-\frac{8}{27}=\frac{35}{54}$

❻ $\frac{3}{4}-\frac{1}{12}+\frac{3}{8}=1\frac{1}{24}$

❼ $\frac{5}{9}+\frac{5}{6}-\frac{1}{12}=1\frac{11}{36}$

계산 순서를 표시하는 게 혼합 계산을 잘하는 첫 번째 비결이에요!

🐾 계산하세요.

❶ $1\frac{1}{4}+\frac{3}{4}-\frac{1}{4}=\frac{5}{4}+\frac{3}{4}-\frac{1}{4}=\frac{8}{4}-\frac{1}{4}=\frac{7}{4}=1\frac{3}{4}$

❷ $2\frac{1}{8}-\frac{5}{8}+\frac{1}{2}=\frac{17}{8}-\frac{5}{8}+\frac{4}{8}=\frac{12}{8}+\frac{4}{8}=\frac{16}{8}=2$

계산 순서도 표시해요!

❸ $\frac{1}{6}+1\frac{1}{5}-\frac{2}{3}=\frac{7}{10}$

❹ $1\frac{2}{3}-\frac{7}{8}+\frac{1}{12}=\frac{7}{8}$

❺ $\frac{7}{8}+\frac{9}{20}-1\frac{1}{5}=\frac{1}{8}$

❻ $1\frac{2}{5}-\frac{8}{9}+\frac{13}{15}=1\frac{17}{45}$

❼ $\frac{4}{5}+1\frac{1}{14}-\frac{4}{7}=1\frac{3}{10}$

28~29쪽

도전! 땅 짚고 헤엄치는 문장제

기초 문장제로 연산의 기본 개념을 익혀 봐요!

🐾 식을 읽은 문장을 완성하세요.

❶ $\frac{1}{2}+\frac{2}{5}-\frac{7}{10}$

➡ $\frac{1}{2}$과 $\frac{2}{5}$의 합에서 $\frac{7}{10}$을 뺍니다.

🐾 하나의 식으로 나타내고 계산하세요.

❷ $\frac{4}{5}$와 $\frac{3}{10}$의 합에서 $\frac{1}{2}$을 뺀 수

식 $\frac{4}{5}+\frac{3}{10}-\frac{1}{2}=\frac{3}{5}$

답 $\frac{3}{5}$

❸ $1\frac{3}{7}$에서 $\frac{2}{3}$를 빼고 $\frac{4}{21}$를 더한 수

식 $1\frac{3}{7}-\frac{2}{3}+\frac{4}{21}=\frac{20}{21}$

답 $\frac{20}{21}$

• + ➡ 합, 더하고, 더한
• − ➡ 차, 빼고, 뺀

문장을 /로 끊어 읽어 봐요.

속닥속닥

❷ 문장을 끊어 읽으면 하나의 식으로 나타내기 쉬워요.

$\frac{4}{5}$와 $\frac{3}{10}$의 합에서 / $\frac{1}{2}$을 뺀 수

$\frac{4}{5}+\frac{3}{10}$ $-\frac{1}{2}$

04 곱셈과 나눗셈이 섞여 있으면 나눗셈을 곱셈으로 바꿔

✿ $\frac{1}{3}\div\frac{2}{5}\times\frac{7}{10}$의 계산

방법1 앞에서부터 차례로 계산합니다.

앞에서부터 차례로!

$\frac{1}{3}\div\frac{2}{5}\times\frac{7}{10}=\frac{1}{3}\times\frac{5}{2}\times\frac{7}{10}=\frac{5}{6}\times\frac{7}{10}=\frac{7}{12}$

방법2 나눗셈을 곱셈으로 바꾼 다음 세 분수의 곱으로 계산합니다.

$\frac{1}{3}\div\frac{2}{5}\times\frac{7}{10}=\frac{1}{3}\times\frac{5}{2}\times\frac{7}{10}=\frac{7}{12}$

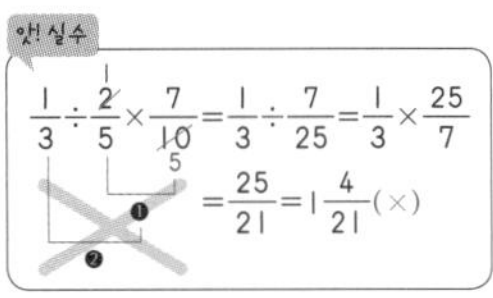

앗! 실수

$\frac{1}{3}\div\frac{2}{5}\times\frac{7}{10}=\frac{1}{3}\div\frac{7}{25}=\frac{1}{3}\times\frac{25}{7}$

$=\frac{25}{21}=1\frac{4}{21}(\times)$

계산 순서를 틀리면
답은 안드로메다로…….

30~31쪽

곱셈과 나눗셈이 섞여 있는 분수의 계산은
나눗셈을 곱셈으로 바꾼 다음 세 분수의 곱으로 풀 수 있어요.

계산하세요.

❶ $\frac{1}{4} \div \frac{3}{4} \times \frac{1}{6} = \frac{1}{4} \times \frac{4}{3} \times \frac{1}{6} = \frac{1}{18}$

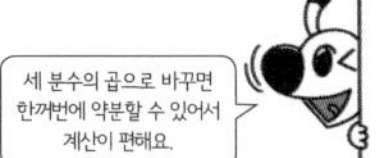

세 분수의 곱으로 바꾸면
한꺼번에 약분할 수 있어서
계산이 편해요.

❷ $\frac{3}{5} \times \frac{2}{3} \div \frac{6}{7} = \frac{7}{15}$

❸ $\frac{5}{8} \div \frac{1}{2} \times \frac{4}{5} = 1$

❹ $\frac{7}{10} \times \frac{5}{6} \div \frac{2}{3} = \frac{7}{8}$

❺ $\frac{1}{8} \div \frac{4}{5} \times \frac{2}{15} = \frac{1}{48}$

❻ $\frac{9}{16} \times \frac{2}{9} \div \frac{5}{8} = \frac{1}{5}$

❼ $\frac{9}{10} \div \frac{3}{4} \times \frac{2}{7} = \frac{12}{35}$

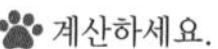

약분하여 계산하면 어렵지 않을 거예요.
이때 약분은 곱셈 부분에서만 가능하다는 것에 주의해요.

계산하세요.

❶ $\frac{4}{7} \times \frac{1}{2} \div \frac{2}{3} = \frac{3}{7}$

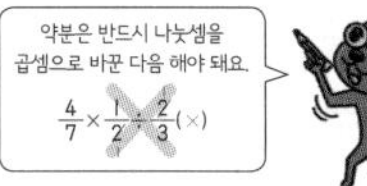

❷ $\frac{3}{7} \div \frac{1}{2} \times \frac{7}{9} = \frac{2}{3}$

❸ $\frac{4}{5} \times \frac{1}{12} \div \frac{3}{4} = \frac{4}{45}$

❹ $\frac{8}{9} \div \frac{4}{15} \times \frac{2}{3} = 2\frac{2}{9}$

❺ $\frac{5}{12} \times \frac{9}{20} \div \frac{7}{8} = \frac{3}{14}$

❻ $\frac{7}{11} \div \frac{3}{8} \times \frac{3}{4} = 1\frac{3}{11}$

❼ $\frac{14}{15} \times \frac{9}{10} \div \frac{7}{12} = 1\frac{11}{25}$

32~33쪽

대분수는 가분수로 바꿔서 계산하고,
곱셈식에서 약분할 수 있는지 확인해요.

계산하세요.

❶ $\frac{2}{9} \times 1\frac{1}{5} \div \frac{2}{7} = \frac{2}{9} \times \frac{6}{5} \times \frac{7}{2} = \frac{14}{15}$

❷ $1\frac{3}{5} \div \frac{3}{4} \times \frac{1}{8} = \frac{4}{15}$

❸ $1\frac{2}{7} \times \frac{2}{9} \div \frac{3}{10} = \frac{20}{21}$

❹ $2\frac{1}{6} \div \frac{3}{5} \times \frac{3}{13} = \frac{5}{6}$

❺ $\frac{2}{15} \times 2\frac{1}{2} \div \frac{2}{7} = 1\frac{1}{6}$

❻ $3\frac{1}{8} \div \frac{5}{7} \times \frac{9}{14} = 2\frac{13}{16}$

❼ $\frac{3}{5} \times \frac{8}{9} \div 1\frac{1}{9} = \frac{12}{25}$

도전! 땅 짚고 헤엄치는 문장제
기초 문장제로 연산의 기본 개념을 익혀 봐요!

식을 읽은 문장을 완성하세요.

❶ $\frac{4}{9} \div 1\frac{1}{3} \times \frac{5}{8}$

➡ $\frac{4}{9}$를 $1\frac{1}{3}$로 나눈 몫에 $\frac{5}{8}$를 곱합니다.

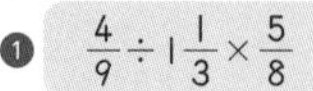

하나의 식으로 나타내고 계산하세요.

❷ $\frac{5}{7}$에 $\frac{9}{10}$를 곱한 수를 $\frac{3}{8}$으로 나눈 몫

식 $\frac{5}{7} \times \frac{9}{10} \div \frac{3}{8} = 1\frac{5}{7}$

답 $1\frac{5}{7}$

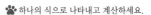

❸ $1\frac{2}{3}$를 $\frac{5}{11}$로 나눈 몫의 $\frac{6}{11}$배인 수

식 $1\frac{2}{3} \div \frac{5}{11} \times \frac{6}{11} = 2$

답 2

❷ 문장을 끊어 읽으면 하나의 식으로 나타내기 쉬워요.
$\frac{5}{7}$에 $\frac{9}{10}$를 곱한 수를 / $\frac{3}{8}$으로 나눈 몫
$\frac{5}{7} \times \frac{9}{10}$ $\div \frac{3}{8}$

05 먼저 계산하는 곱셈과 나눗셈을 덩어리로 묶어

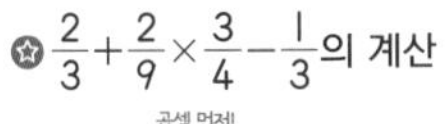

덧셈, 뺄셈, 곱셈(나눗셈)이 섞여 있는 식은 곱셈 (나눗셈) 먼저 계산합니다.

$\frac{2}{3}+\frac{2}{9}\times\frac{3}{4}-\frac{1}{3}$의 계산

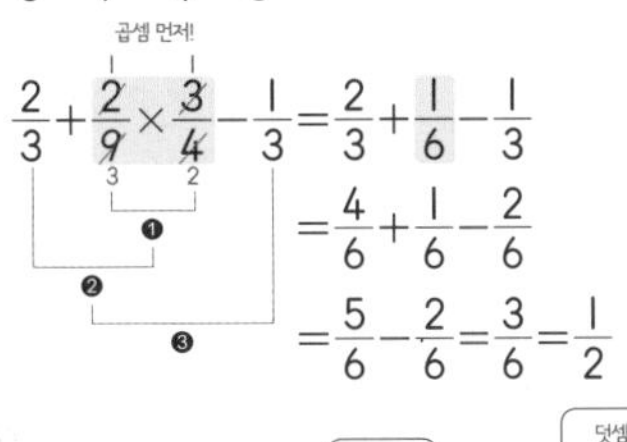

$\frac{2}{3}+\frac{2}{9}\times\frac{3}{4}-\frac{1}{3}=\frac{2}{3}+\frac{1}{6}-\frac{1}{3}=\frac{4}{6}+\frac{1}{6}-\frac{2}{6}=\frac{5}{6}-\frac{2}{6}=\frac{3}{6}=\frac{1}{2}$

곱셈 먼저 계산하면
덧셈과 뺄셈이 섞여 있는 식처럼 간단해져요.
앞에서부터 차례로!

곱셈 먼저!
덧셈과 뺄셈은 앞에서부터 차례로!

$\frac{3}{4}-\frac{1}{2}+\frac{3}{10}\div\frac{2}{5}$의 계산

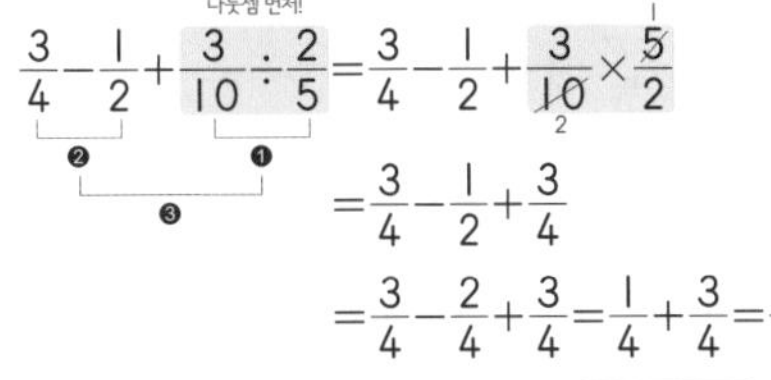

$\frac{3}{4}-\frac{1}{2}+\frac{3}{10}\div\frac{2}{5}=\frac{3}{4}-\frac{1}{2}+\frac{3}{10}\times\frac{5}{2}=\frac{3}{4}-\frac{1}{2}+\frac{3}{4}=\frac{3}{4}-\frac{2}{4}+\frac{3}{4}=\frac{1}{4}+\frac{3}{4}=\frac{4}{4}=1$

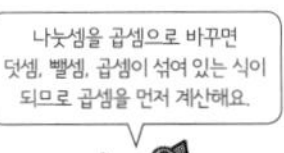
나눗셈을 곱셈으로 바꾸면
덧셈, 뺄셈, 곱셈이 섞여 있는 식이
되므로 곱셈을 먼저 계산해요.

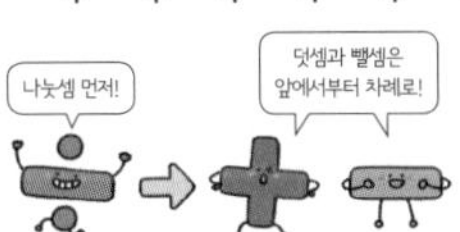
나눗셈 먼저!
덧셈과 뺄셈은 앞에서부터 차례로!

A

무조건 앞에서부터 계산하면 안 돼요.
덧셈, 뺄셈이 곱셈과 섞여 있으면 곱셈이 먼저예요!

곱셈 부분을 ◯로 묶고 계산하세요.

1. $\frac{2}{3}+\frac{7}{9}\times\frac{6}{7}-\frac{1}{3}=\frac{2}{3}+\frac{2}{3}-\frac{1}{3}=\frac{3}{3}=1$

가장 먼저 계산하는
곱셈을 한 덩어리로
생각하고 묶어요!

2. $\frac{11}{12}-\frac{2}{3}+\frac{1}{2}\times\frac{5}{6}=\frac{2}{3}$

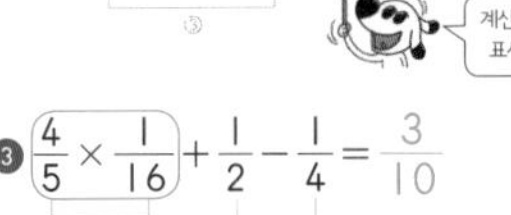
계산 순서도
표시해요!

3. $\frac{4}{5}\times\frac{1}{16}+\frac{1}{2}-\frac{1}{4}=\frac{3}{10}$
4. $\frac{1}{3}-\frac{3}{20}\times\frac{4}{9}+\frac{7}{30}=\frac{1}{2}$
5. $\frac{9}{16}+\frac{1}{4}-\frac{7}{8}\times\frac{3}{28}=\frac{23}{32}$
6. $\frac{3}{4}-\frac{7}{12}\times\frac{4}{21}+\frac{1}{2}=1\frac{5}{36}$

B

곱셈식에서 약분한 다음 곱하면 계산하기 훨씬 쉬워요.

곱셈 부분을 ◯로 묶고 계산하세요.

1. $1\frac{1}{2}-\frac{1}{6}+\frac{4}{5}\times\frac{5}{8}=\frac{3}{2}-\frac{1}{6}+\frac{1}{2}=\frac{9}{6}-\frac{1}{6}+\frac{3}{6}=\frac{11}{6}=1\frac{5}{6}$
2. $\frac{7}{9}\times\frac{6}{7}+1\frac{1}{9}-\frac{1}{3}=1\frac{4}{9}$

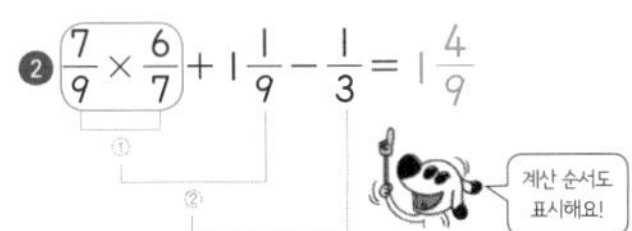
계산 순서도
표시해요!

3. $\frac{2}{3}-\frac{1}{6}\times\frac{4}{5}+1\frac{1}{5}=1\frac{11}{15}$
4. $\frac{1}{6}+1\frac{2}{3}-\frac{3}{10}\times\frac{5}{6}=1\frac{7}{12}$
5. $\frac{3}{8}-1\frac{2}{5}\times\frac{3}{14}+\frac{1}{4}=\frac{13}{40}$
6. $\frac{2}{7}+\frac{5}{6}-\frac{3}{11}\times1\frac{5}{6}=\frac{13}{21}$

C

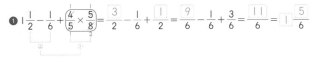

덧셈, 뺄셈, 나눗셈이 섞여 있는 식도 나눗셈을 먼저 계산해야 해요.
이때 나눗셈을 곱셈으로 바꾸면
덧셈, 뺄셈, 곱셈이 섞여 있는 식이 되므로 곱셈이 먼저예요!

나눗셈 부분을 ◯로 묶고 계산하세요.

1. $\frac{5}{8}-\frac{1}{6}\div\frac{4}{9}+\frac{1}{8}=\frac{5}{8}-\frac{1}{6}\times\frac{9}{4}+\frac{1}{8}=\frac{5}{8}-\frac{3}{8}+\frac{1}{8}=\frac{3}{8}$

가장 먼저 계산하는
나눗셈을 한 덩어리로
생각하고 묶어요!

2. $\frac{5}{6}+\frac{1}{2}-\frac{3}{5}\div\frac{9}{10}=\frac{2}{3}$

계산 순서도 표시해요!

3. $\frac{2}{7}\div\frac{3}{7}-\frac{5}{12}+\frac{1}{4}=\frac{1}{2}$
4. $\frac{1}{2}+\frac{3}{10}\div\frac{7}{15}-\frac{2}{7}=\frac{6}{7}$
5. $\frac{9}{16}-\frac{1}{2}+\frac{11}{12}\div\frac{22}{27}=1\frac{3}{16}$
6. $\frac{7}{40}\div\frac{7}{8}+\frac{3}{4}-\frac{9}{10}=\frac{1}{20}$

계산 순서를 표시하지 않고 암산하면 실수하기 쉬워요.
자신이 있더라도 계산 순서를 표시하는 습관이 중요해요!

나눗셈 부분을 ( )로 묶고 계산하세요.

① $1\frac{1}{3}+\frac{5}{9}-\left(\frac{1}{4}\div\frac{3}{8}\right)=\frac{4}{3}+\frac{5}{9}-\frac{1}{4}\times\frac{8}{3}=\frac{4}{3}+\frac{5}{9}-\frac{2}{3}$

$=\frac{12}{9}+\frac{5}{9}-\frac{6}{9}=\frac{11}{9}=1\frac{2}{9}$

② $\frac{3}{4}-\left(\frac{1}{3}\div\frac{4}{7}\right)+1\frac{1}{6}=1\frac{1}{3}$

계산 순서도 표시해요!

③ $\left(\frac{2}{15}\div\frac{3}{5}\right)+1\frac{2}{3}-\frac{11}{18}=1\frac{5}{18}$

④ $1\frac{3}{4}-\frac{1}{5}+\left(\frac{2}{13}\div\frac{4}{39}\right)=3\frac{1}{20}$

⑤ $\left(\frac{5}{8}\div1\frac{1}{4}\right)-\frac{1}{6}+\frac{3}{8}=\frac{17}{24}$

⑥ $\frac{4}{5}+\left(\frac{9}{10}\div1\frac{4}{5}\right)-\frac{7}{8}=\frac{17}{40}$

38~39쪽

도전! 땅 짚고 헤엄치는 문장제

기초 문장제로 연산의 기본 개념을 익혀 봐요!

문장을 /로 끊어 읽어 봐요.

+ ➡ 합, 더하고, 더한
− ➡ 차, 빼고, 뺀
× ➡ 곱한, ●배
÷ ➡ 나눈 몫

식을 읽은 문장을 완성하세요.

① $\frac{4}{5}-\frac{1}{8}\times\frac{2}{3}+\frac{3}{4}$

➡ $\frac{4}{5}$에서 $\frac{1}{8}$과 $\frac{2}{3}$의 곱을 빼고 $\frac{3}{4}$을 더합니다.

하나의 식으로 나타내고 계산하세요.

② $1\frac{2}{3}$에 $\frac{4}{9}$의 $\frac{3}{8}$배인 수를 더하고 $\frac{1}{2}$을 뺀 수

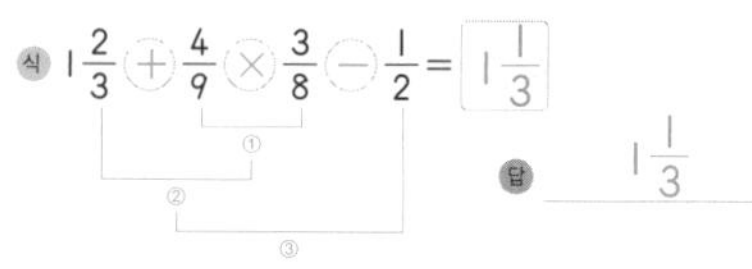

식 $1\frac{2}{3}+\frac{4}{9}\times\frac{3}{8}-\frac{1}{2}=1\frac{1}{3}$

답 $1\frac{1}{3}$

③ $\frac{1}{2}$에서 $\frac{1}{6}$을 $\frac{5}{12}$로 나눈 몫을 빼고 $\frac{3}{4}$을 더한 수

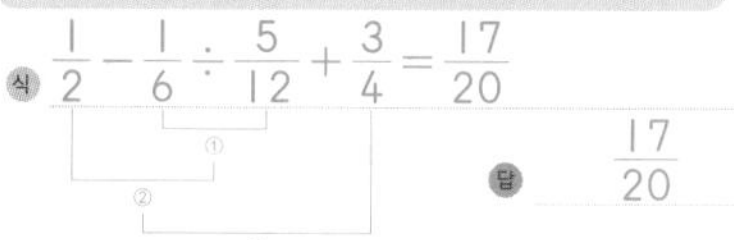

식 $\frac{1}{2}-\frac{1}{6}\div\frac{5}{12}+\frac{3}{4}=\frac{17}{20}$

답 $\frac{17}{20}$

숙덕숙덕

② 문장을 끊어 읽으면 하나의 식으로 나타내기 쉬워요.

$1\frac{2}{3}$에 / $\frac{4}{9}$의 $\frac{3}{8}$배인 수를 / 더하고 / $\frac{1}{2}$을 뺀 수

$1\frac{2}{3}$ $\frac{4}{9}\times\frac{3}{8}$ $-\frac{1}{2}$

40~41쪽

바빠 혼합 계산

06 ( )가 있으면 ( ) 안의 분수 계산을 가장 먼저!

덧셈, 뺄셈, 곱셈(나눗셈)이 섞여 있고 (괄호)가 있는 식은
( ) 안 ➡ 곱셈 (나눗셈) ➡ 덧셈, 뺄셈의 순서로 계산합니다.

✪ $\frac{3}{8}\times\left(\frac{7}{9}-\frac{1}{3}\right)+\frac{1}{6}$의 계산

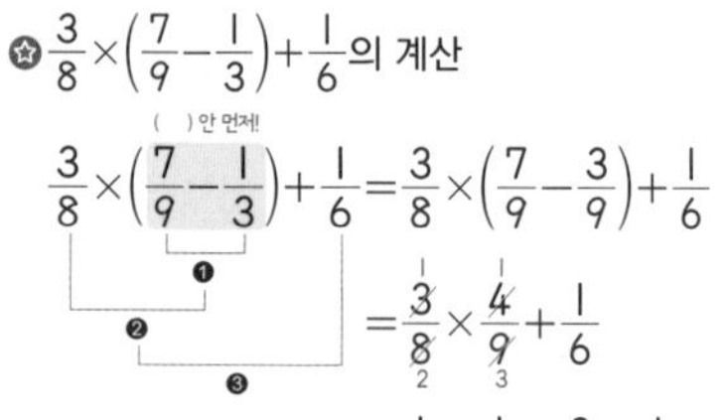

( ) 안 먼저!

$\frac{3}{8}\times\left(\frac{7}{9}-\frac{1}{3}\right)+\frac{1}{6}=\frac{3}{8}\times\left(\frac{7}{9}-\frac{3}{9}\right)+\frac{1}{6}$

$=\frac{3}{8}\times\frac{4}{9}+\frac{1}{6}$

$=\frac{1}{6}+\frac{1}{6}=\frac{2}{6}=\frac{1}{3}$

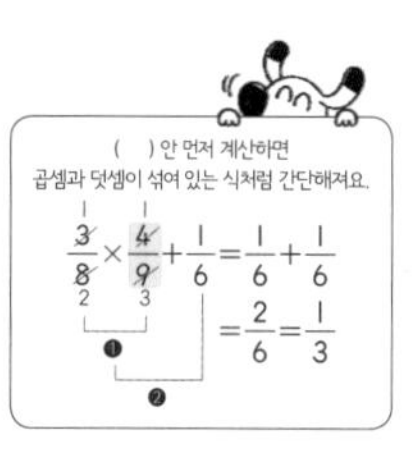

( ) 안 먼저 계산하면
곱셈과 덧셈이 섞여 있는 식처럼 간단해져요.

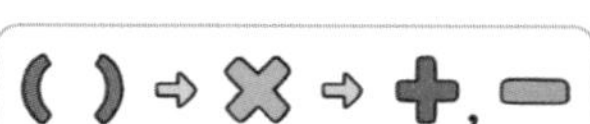

✪ $\frac{4}{5}-\frac{1}{6}\div\left(\frac{1}{3}+\frac{1}{2}\right)$의 계산

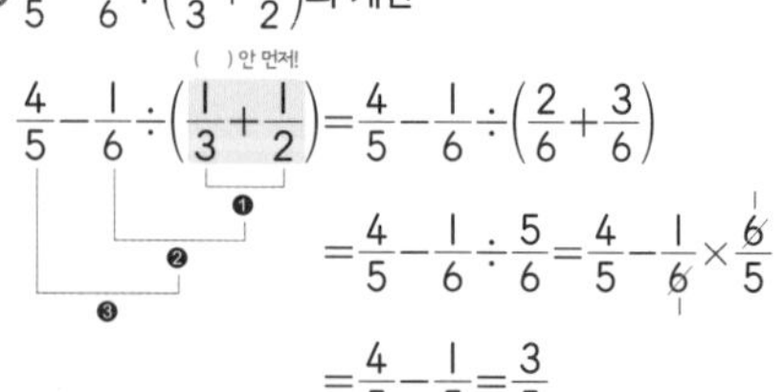

( ) 안 먼저!

$\frac{4}{5}-\frac{1}{6}\div\left(\frac{1}{3}+\frac{1}{2}\right)=\frac{4}{5}-\frac{1}{6}\div\left(\frac{2}{6}+\frac{3}{6}\right)$

$=\frac{4}{5}-\frac{1}{6}\div\frac{5}{6}=\frac{4}{5}-\frac{1}{6}\times\frac{6}{5}$

$=\frac{4}{5}-\frac{1}{5}=\frac{3}{5}$

( ) 안을 계산한 다음
남은 뺄셈과 나눗셈 중에는
나눗셈이 먼저예요!

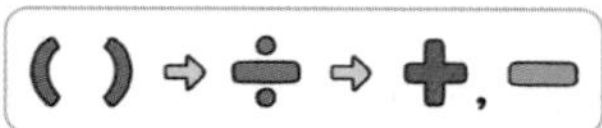

무조건 곱셈, 나눗셈 먼저 계산하면 안 돼요.
덧셈이나 뺄셈일지라도 ( )로 묶여 있으면 가장 먼저 계산해요.

( ) 안을 ( )로 묶고 계산하세요.

( ) 안을 묶은 다음
먼저 계산해요!

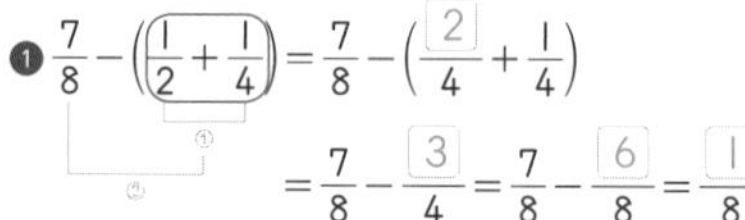

① $\frac{7}{8}-\left(\frac{1}{2}+\frac{1}{4}\right)=\frac{7}{8}-\left(\frac{2}{4}+\frac{1}{4}\right)$

$=\frac{7}{8}-\frac{3}{4}=\frac{7}{8}-\frac{6}{8}=\frac{1}{8}$

② $\frac{1}{3}\div\left(\frac{5}{6}\times\frac{2}{3}\right)=\frac{3}{5}$

계산 순서도 표시해요!

③ $\left(\frac{8}{9}-\frac{2}{3}\right)\div\frac{2}{3}=\frac{1}{3}$

④ $1\frac{1}{2}-\left(\frac{1}{2}+\frac{3}{10}\right)=\frac{7}{10}$

⑤ $\left(\frac{2}{3}-\frac{1}{4}\right)\times1\frac{1}{5}=\frac{1}{2}$

⑥ $3\frac{2}{3}\div\left(\frac{5}{9}+\frac{2}{3}\right)=3$

42~43쪽

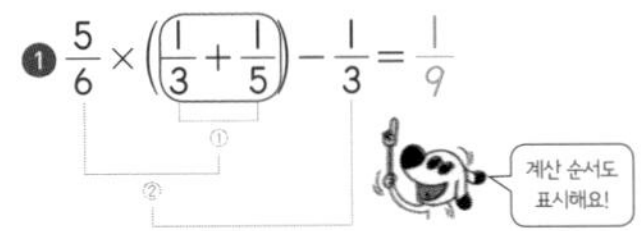

B

혼합 계산을 실수하는 이유 중 하나가 계산 순서를 표시하지 않고 암산하기 때문이에요. 자신이 있더라도 계산 순서를 표시하는 습관이 중요해요.

( ) 안을 ◯로 묶고 계산하세요.

❶ $\frac{5}{6}\times\left(\frac{1}{3}+\frac{1}{5}\right)-\frac{1}{3}=\frac{1}{9}$

계산 순서도 표시해요!

❷ $\frac{1}{2}+\frac{2}{7}\times\left(\frac{3}{8}-\frac{1}{5}\right)=\frac{11}{20}$

❸ $\frac{6}{7}\times\left(\frac{5}{6}-\frac{2}{15}\right)+\frac{1}{5}=\frac{4}{5}$

❹ $\left(\frac{1}{6}+\frac{3}{8}\right)\times\frac{9}{13}-\frac{1}{8}=\frac{1}{4}$

❺ $\frac{1}{3}+\left(\frac{2}{3}-\frac{1}{4}\right)\times\frac{2}{5}=\frac{1}{2}$

❻ $\frac{4}{9}-\frac{6}{7}\times\left(\frac{1}{9}+\frac{1}{12}\right)=\frac{5}{18}$

C

( ) 안을 덩어리로 묶으면 간단한 식이 돼요. '덩어리 계산법'을 기억해요!

( ) 안을 ◯로 묶고 계산하세요.

❶ $\frac{1}{6}\div\left(\frac{1}{4}+\frac{1}{8}\right)-\frac{2}{9}=\frac{2}{9}$

계산 순서도 표시해요!

❷ $\frac{1}{4}+\frac{5}{6}\div\left(\frac{3}{4}-\frac{1}{3}\right)=2\frac{1}{4}$

❸ $\left(\frac{1}{2}+\frac{7}{10}\right)\div\frac{2}{5}-\frac{1}{2}=2\frac{1}{2}$

❹ $\frac{5}{6}+\left(\frac{1}{5}-\frac{1}{7}\right)\div\frac{4}{7}=\frac{14}{15}$

❺ $\frac{6}{7}-\frac{3}{5}\div\left(\frac{4}{15}+\frac{2}{3}\right)=\frac{3}{14}$

❻ $\frac{3}{8}\div\left(\frac{5}{8}-\frac{1}{3}\right)+\frac{4}{7}=1\frac{6}{7}$

44~45쪽

D

조금 복잡하지만 포기하지 말고 계산 순서를 표시해 봐요!

( ) 안을 ◯로 묶고 계산하세요.

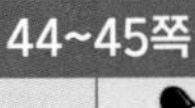

잘하고 있어요.
조금 더 힘내요!

❶ $\frac{7}{9}-1\frac{1}{2}\times\left(\frac{1}{9}+\frac{1}{3}\right)=\frac{7}{9}-\frac{3}{2}\times\left(\frac{1}{9}+\frac{3}{9}\right)$
$=\frac{7}{9}-\frac{3}{2}\times\frac{4}{9}=\frac{7}{9}-\frac{2}{3}=\frac{7}{9}-\frac{6}{9}=\frac{1}{9}$

❷ $1\frac{1}{4}\div\left(\frac{2}{3}-\frac{1}{4}\right)+\frac{1}{5}=3\frac{1}{5}$

계산 순서도 표시해요!

❸ $1\frac{3}{5}-\frac{1}{2}\times\left(1\frac{1}{2}+\frac{3}{5}\right)\div\frac{7}{8}=\frac{2}{5}$

❹ $\left(\frac{5}{6}-\frac{2}{3}\right)\div\frac{5}{12}\times1\frac{1}{4}+\frac{1}{2}=1$

❺ $\frac{1}{7}+\frac{5}{9}\times\left(\frac{4}{5}-\frac{1}{8}\right)\div1\frac{3}{4}=\frac{5}{14}$

❻ $2\frac{1}{2}\div\left(\frac{1}{2}+\frac{1}{6}\right)\times\left(\frac{4}{5}-\frac{2}{3}\right)=\frac{1}{2}$

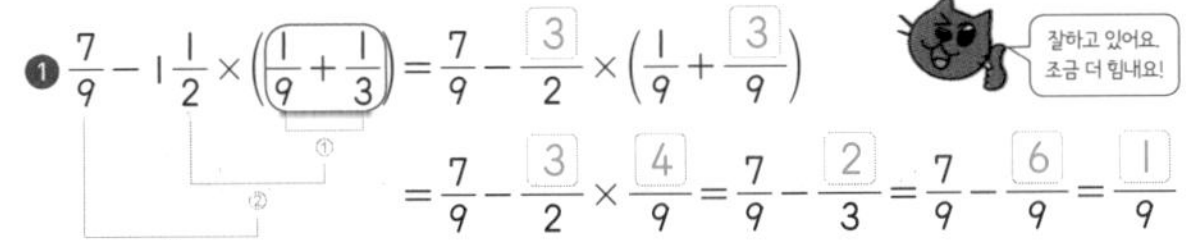
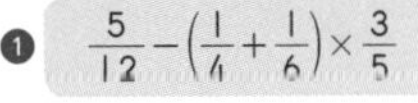

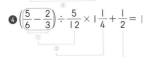

도전! 땅 짚고 헤엄치는 문장제

기초 문장제로 연산의 기본 개념을 익혀 봐요!

식을 읽은 문장을 완성하세요.

❶ $\frac{5}{12}-\left(\frac{1}{4}+\frac{1}{6}\right)\times\frac{3}{5}$

➡ $\frac{5}{12}$에서 $\frac{1}{4}$과 $\frac{1}{6}$의 합에 $\frac{3}{5}$을 곱한 수를 뺍니다.

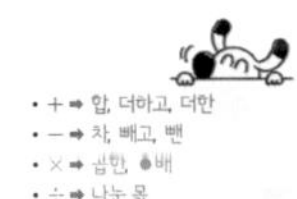
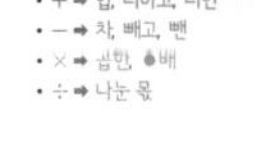

+ ➡ 합, 더하고, 더한
− ➡ 차, 빼고, 뺀
× ➡ 곱한, ●배
÷ ➡ 나눈 몫

밑줄 친 부분을 ( ) 안에 넣어 하나의 식으로 나타내고 계산하세요.

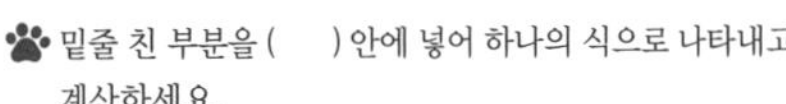

❷ $\frac{5}{8}$와 $\frac{1}{4}$의 차에 $1\frac{1}{3}$을 곱하고 $\frac{1}{8}$을 더한 수

식 $\left(\frac{5}{8}-\frac{1}{4}\right)\times1\frac{1}{3}+\frac{1}{8}=\frac{5}{8}$

답 $\frac{5}{8}$

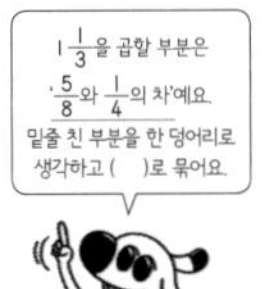

$1\frac{1}{3}$을 곱할 부분은 '$\frac{5}{8}$와 $\frac{1}{4}$의 차'예요.
밑줄 친 부분을 한 덩어리로 생각하고 ( )로 묶어요.

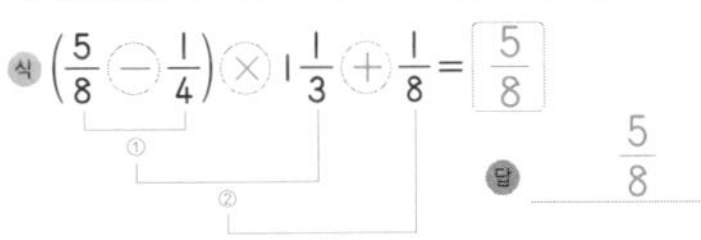

❸ $\frac{2}{3}$를 $\frac{1}{3}$과 $\frac{1}{5}$의 합으로 나눈 몫에서 $\frac{3}{4}$을 뺀 수

식 $\frac{2}{3}\div\left(\frac{1}{3}+\frac{1}{5}\right)-\frac{3}{4}=\frac{1}{2}$

답 $\frac{1}{2}$

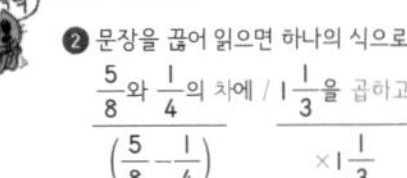

속닥속닥

❷ 문장을 끊어 읽으면 하나의 식으로 나타내기 쉬워요.

$\frac{5}{8}$와 $\frac{1}{4}$의 차에 / $1\frac{1}{3}$을 곱하고 / $\frac{1}{8}$을 더한 수

$\left(\frac{5}{8}-\frac{1}{4}\right)$ $\times1\frac{1}{3}$ $+\frac{1}{8}$

기초 계산

07 소수점 아래 자리 수의 합에 맞춰 소수점 콕!

소수와 자연수의 곱셈

자연수의 곱셈과 같은 방법으로 계산한 다음 곱해지는 소수의 소수점과 같은 위치에 곱의 소수점을 찍습니다.

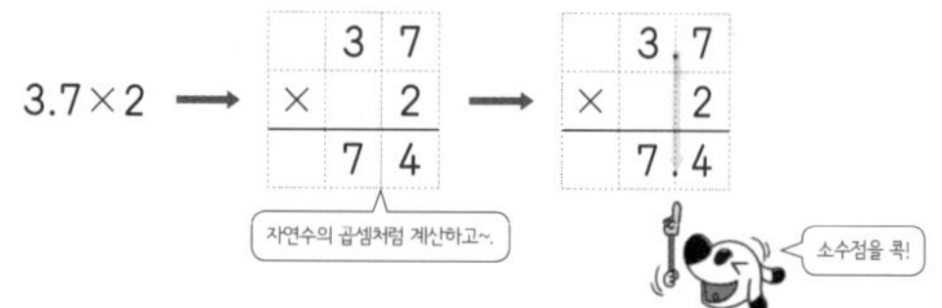

3.7×2 → 37×2=74 → 7.4

소수의 곱셈

자연수의 곱셈과 같은 방법으로 계산한 다음 곱하는 두 수의 소수점 아래 자리 수의 합에 맞춰 곱의 소수점을 찍습니다.

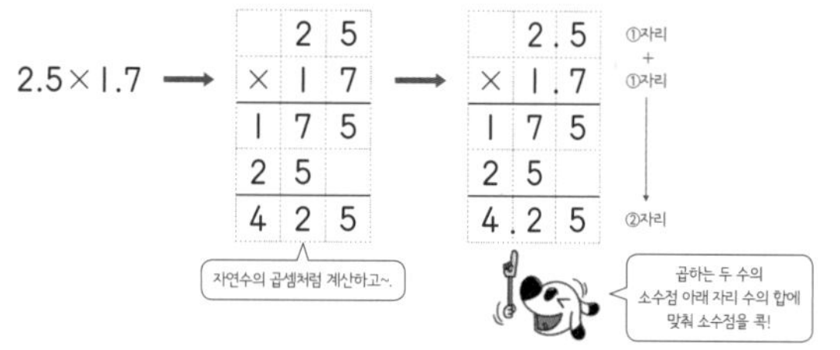

2.5×1.7 → 25×17=425 → 4.25

소수와 자연수의 곱셈은 자연수의 곱셈처럼 계산하고, 곱해지는 소수의 소수점과 같은 위치에 곱의 소수점을 찍어요.

계산하세요.

1. 0.6 × 3 = 1.8
2. 1.7 × 4 = 6.8
3. 3.5 × 9 = 31.5
4. 0.7 × 15: 35, 7, 10.5
5. 1.8 × 23: 54, 36, 41.4
6. 5.2 × 14: 208, 52, 72.8
7. 0.04 × 9 = 0.36
8. 6.04 × 8 = 48.32
9. 0.19 × 25: 95, 38, 4.75
10. 2.06 × 43: 618, 824, 88.58
11. 1.28 × 54: 512, 640, 69.12

소수의 곱셈은 자연수의 곱셈처럼 계산하고, 곱하는 두 수의 소수점 아래 자리 수의 합에 맞춰 곱의 소수점을 찍어요.

계산하세요.

1. 0.7 (①자리) × 0.8 (①자리) = 0.56 (②자리)
2. 1.3 × 2.4: 52, 26, 3.12
3. 3.5 × 1.7: 245, 35, 5.95
4. 0.2 × 7.9: 18, 14, 1.58
5. 4.8 × 3.6: 288, 144, 17.28
6. 7.2 × 6.3: 216, 432, 45.36
7. 0.03 (②자리) × 0.6 (①자리) = 0.018 (③자리)
8. 0.12 × 0.8 = 0.096
9. 2.04 × 1.9: 1836, 204, 3.876
10. 4.92 × 2.7: 3444, 984, 13.284
11. 2.36 × 0.42: 472, 944, 0.9912
12. 6.45 × 0.59: 5805, 3225, 3.8055

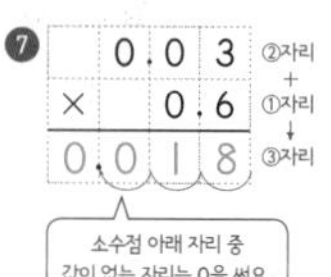

야호! 게임처럼 즐기는 연산 놀이터

다양한 유형의 문제로 즐겁게 마무리해요.

사다리 타기 놀이를 하고 있습니다. 주어진 식을 계산하여 사다리로 연결된 고양이에게 계산 결과를 써넣으세요.

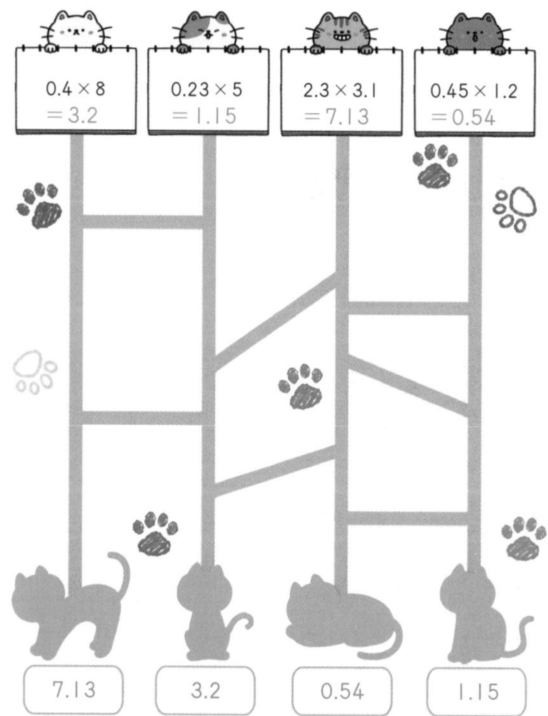

0.4×8 =3.2
0.23×5 =1.15
2.3×3.1 =7.13
0.45×1.2 =0.54
7.13
3.2
0.54
1.15

기초 계산

08 나누는 수를 자연수로 만들어 몫을 구해

✪ 자릿수가 같은 소수의 나눗셈

나누는 수가 자연수 가 되도록 두 수에 10 또는 100을 곱해 자연수의 나눗셈으로 만들어 계산합니다.

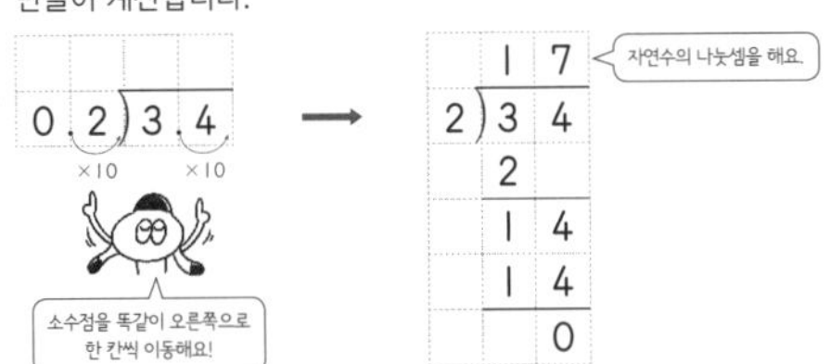

0.2)3.4
×10 ×10
소수점을 똑같이 오른쪽으로 한 칸씩 이동해요!
17
2)34
2
14
14
0
자연수의 나눗셈을 해요.

✪ 자릿수가 다른 소수의 나눗셈

❶ 나누는 수 가 자연수가 되도록 두 수에 10 또는 100을 곱해 계산합니다.

❷ 몫 의 소수점의 위치는 나누어지는 수의 옮겨진 소수점의 위치와 같습니다.

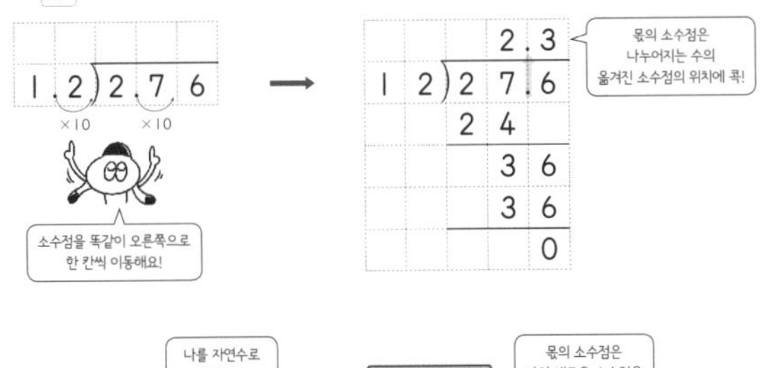

1.2)2.76
×10 ×10
소수점을 똑같이 오른쪽으로 한 칸씩 이동해요!
2.3
12)27.6
24
36
36
0
몫의 소수점은 나누어지는 수의 옮겨진 소수점의 위치에 콕!

나를 자연수로 만들어야 계산이 편해져요!

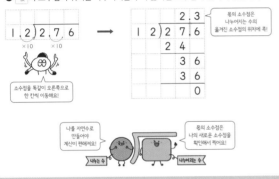

몫의 소수점은 나의 새로운 소수점을 확인해서 찍어요!

나누는 수 / 나누어지는 수

나누는 수가 소수 한 자리 수이면 소수점을 오른쪽으로 한 칸씩, 소수 두 자리 수이면 소수점을 오른쪽으로 두 칸씩 이동해 나눗셈을 해요.

계산하세요.

❶ 0.2)3.2 → 16 (2, 12, 12, 0)

❷ 1.2)7.2 → 6 (72, 0)

❸ 2.8)5.6 → 2 (56, 0)

❹ 0.8)12.8 → 16 (8, 48, 48, 0)

❺ 0.5)21.5 → 43 (20, 15, 15, 0)

❻ 0.7)32.2 → 46 (28, 42, 42, 0)

❼ 0.04)1.52 → 38 (12, 32, 32, 0)

❽ 0.12)1.08 → 9 (108, 0)

❾ 0.23)1.15 → 5 (115, 0)

❿ 1.02)6.12 → 6 (612, 0)

⓫ 1.32)5.28 → 4 (528, 0)

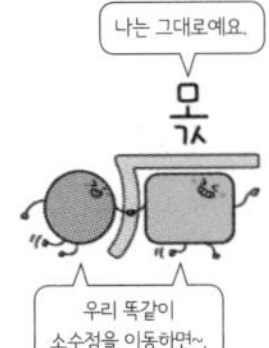

나는 그대로예요.
몫
우리 똑같이 소수점을 이동하면~.

0.2)4.0 → 2)40 소수점을 똑같이 이동할 때 나누어지는 수가 자연수이면 자연수에 0을 1개 붙여 써요.

계산하세요.

❶ 0.7)1.82 → 2.6 (14, 42, 42, 0)

❷ 1.1)3.74 → 3.4 (33, 44, 44, 0)

❸ 1.4)2.38 → 1.7 (14, 98, 98, 0)

❹ 1.2)5.52 → 4.6 (48, 72, 72, 0)

❺ 2.6)8.06 → 3.1 (78, 26, 26, 0)

❻ 2.7)7.56 → 2.8 (54, 216, 216, 0)

❼ 0.2)1.0 → 5 (10, 0) 0을 1개 붙여 써요.

❽ 0.6)90 → 15 (6, 30, 30, 0)

❾ 1.4)70 → 5 (70, 0)

❿ 0.8)240 → 30 (24, 0)

⓫ 1.2)300 → 2.5 (24, 60, 60, 0)

소수의 기초 계산 복습 완료!
이제 소수의 혼합 계산을 배워 볼까요?

야호! 게임처럼 즐기는 연산 놀이터

다양한 유형의 문제로 즐겁게 마무리해요.

다음 식의 계산 결과에 해당하는 글자를 보기에서 찾아 아래 표의 빈칸에 차례로 써넣으면 고사성어가 완성됩니다. 완성된 고사성어를 쓰세요.

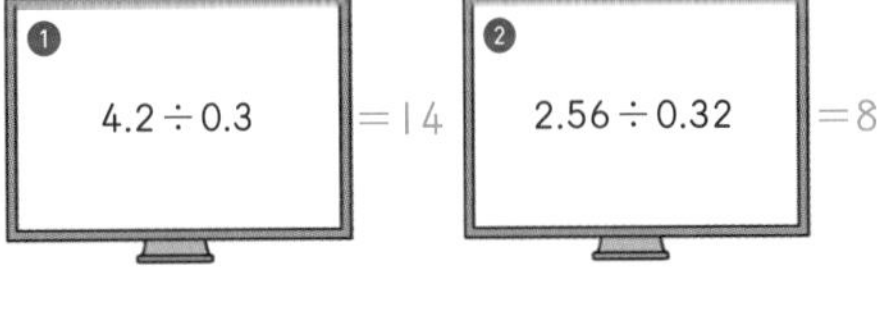

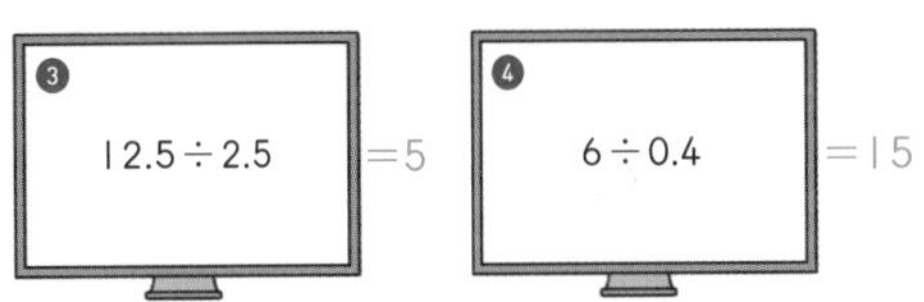

보기

5	22	15	14	20	8
지	봉	공	형	하	설

완성된 고사성어는 '어려움을 딛고 부지런히 공부하는 자세'라는 뜻이에요.

바빠 혼합 계산

09 덧셈과 뺄셈이 섞인 식은 앞에서부터!

덧셈과 뺄셈이 섞여 있는 식은 앞 에서부터 차례로 계산합니다.

3.5+1.64−2.1의 계산

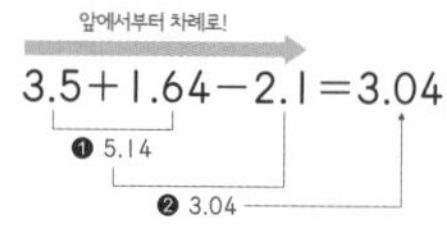
앞에서부터 차례로!
3.5+1.64−2.1=3.04
❶ 5.14
❷ 3.04

앞에서부터 차례로 계산!

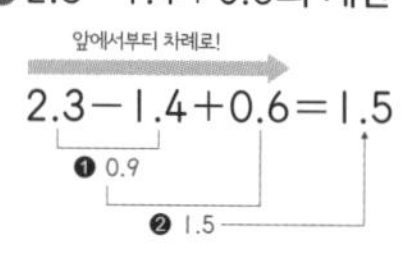

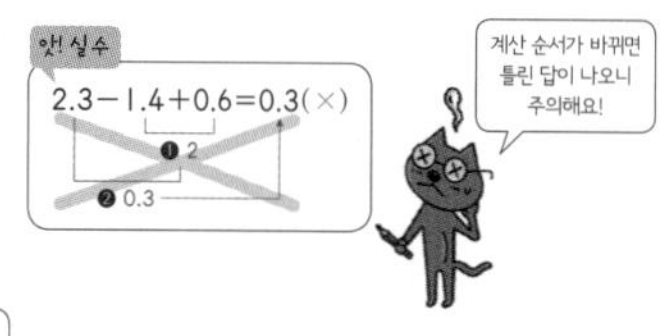

소수점을 기준으로 자리를 맞추어 계산하고 소수점을 그대로 내려 찍어요.

2.3−1.4+0.6의 계산

앞에서부터 차례로!
2.3−1.4+0.6=1.5
❶ 0.9
❷ 1.5

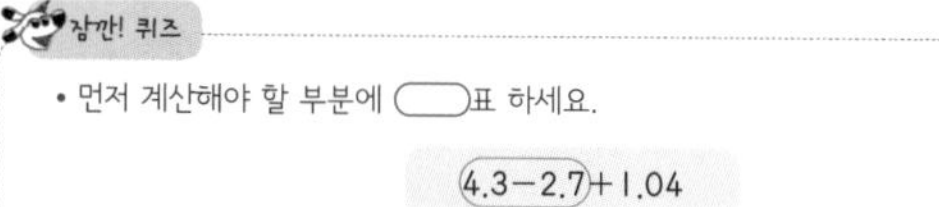
앗! 실수
2.3−1.4+0.6=0.3(×)
계산 순서가 바뀌면 틀린 답이 나오니 주의해요!
내가 앞에 있으니 내가 먼저야!
2.3 1.4 0.6

잠깐! 퀴즈

• 먼저 계산해야 할 부분에 ◯표 하세요.

(4.3−2.7)+1.04

정답 4.3−2.7에 ◯표

56~57쪽

A 자연수의 덧셈과 뺄셈이 섞여 있는 식처럼 묻지도 따지지도 말고 앞에서부터 차례로 계산하면 돼요.

계산 순서를 표시하며 계산하세요.

❶ 3.4 − 2.5 + 0.7 = 1.6 (❶ 0.9, ❷ 1.6)

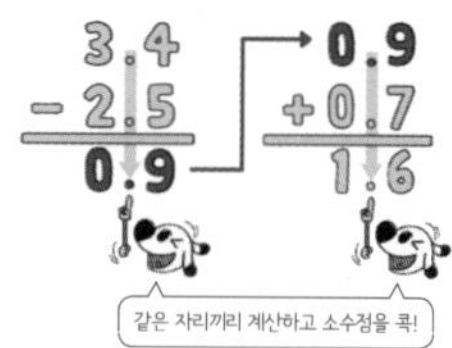
3.4
−2.5
0.9
0.9
+0.7
1.6

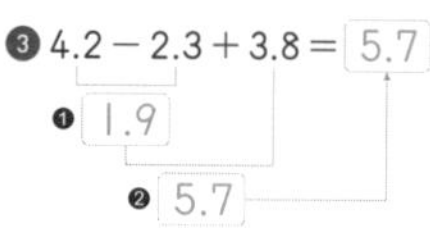
같은 자리끼리 계산하고 소수점을 콕!

❷ 2.8 + 3.7 − 0.9 = 5.6 (❶ 6.5, ❷ 5.6)

❸ 4.2 − 2.3 + 3.8 = 5.7 (❶ 1.9, ❷ 5.7)

❹ 5.6 + 1.5 − 4.7 = 2.4

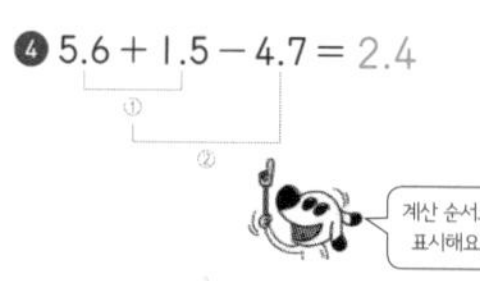
계산 순서도 표시해요!

❺ 7.3 − 4.6 + 5.9 = 8.6

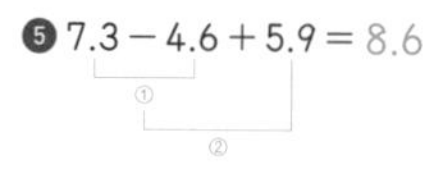

❻ 6.8 + 3.2 − 5.7 = 4.3

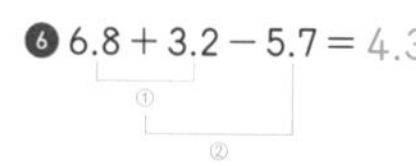

❼ 8.2 − 5.3 + 7.5 = 10.4

58~59쪽

B 소수점 아래 끝자리에 있는 0은 수의 크기가 변하지 않으므로 생략할 수 있어요.
1.400=1.40=1.4

계산 순서를 표시하며 계산하세요.

❶ 0.18 + 0.07 − 0.16 = 0.09 (❶ 0.25, ❷ 0.09)

❷ 1.35 − 0.04 + 0.09 = 1.4 (❶ 1.31, ❷ 1.4)

❸ 0.24 + 0.38 − 0.15 = 0.47

❹ 2.65 − 0.43 + 5.09 = 7.31

계산 순서도 표시해요!

❺ 1.07 + 0.45 − 0.32 = 1.2

❻ 3.54 − 2.31 + 5.28 = 6.51

❼ 6.43 + 0.38 − 4.16 = 2.65

❽ 7.15 − 4.53 + 0.25 = 2.87

C
3.52 − 1.40 = 2.12, 2.12 + 0.80 = 2.92
소수점을 기준으로 자리를 맞추어 계산하고 계산한 값에 소수점을 콕! 찍는 것을 기억해요.

계산 순서를 표시하며 계산하세요.

❶ 3.52 − 1.4 + 0.8 = 2.92 (❶ 2.12, ❷ 2.92)

❷ 0.05 + 2.8 − 1.24 = 1.61 (❶ 2.85, ❷ 1.61)

❸ 5.3 − 0.28 + 4.5 = 9.52

❹ 4.06 + 2.5 − 3.27 = 3.29

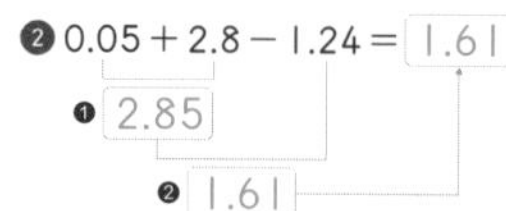
계산 순서도 표시해요!

❺ 6.2 − 1.05 + 0.23 = 5.38

❻ 5.5 + 4.28 − 7.09 = 2.69

❼ 9.15 − 4.6 + 0.25 = 4.8

❽ 7.47 + 1.9 − 6.52 = 2.85

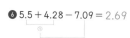

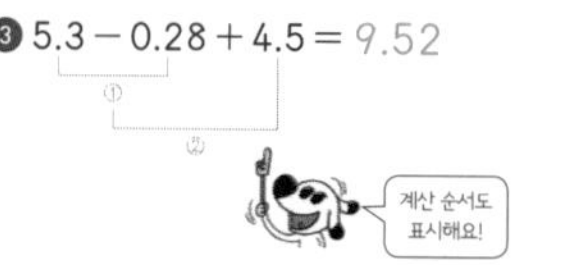

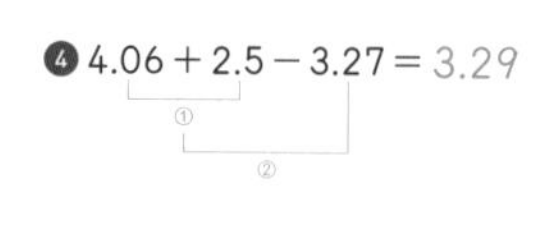
소수점을 콕! 찍는 것도 잊으면 안 돼요!

60~61쪽

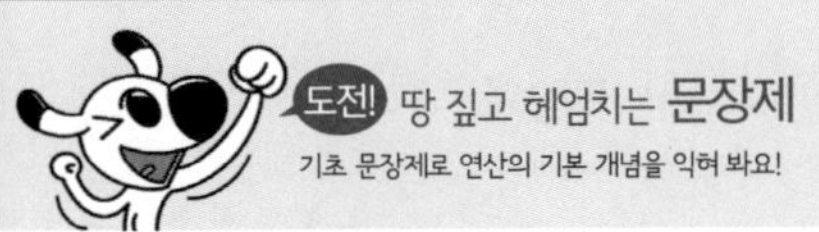

식을 읽은 문장을 완성하세요.

❶ 14.5 + 3.2 − 0.6

➡ 14.5와 3.2 의 합 에서 0.6 을 뺍니다.

❷ 5.83 − 0.4 + 3.7

➡ 5.83 과 0.4의 차 에 3.7 을 더합니다.

• + ➡ 합, 더하고, 더한
• − ➡ 차, 빼고, 뺀

하나의 식으로 나타내고 계산하세요.

❸ 7.22와 1.5의 합에서 0.26을 뺀 수

식 7.22 + 1.5 − 0.26 = 8.46

답 8.46

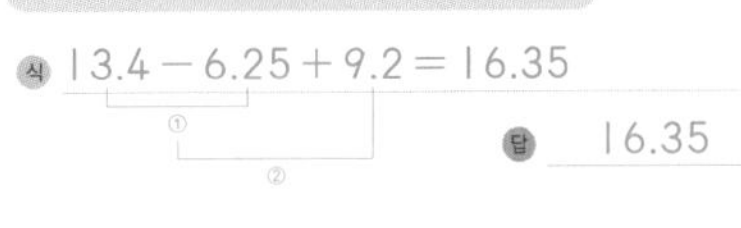

❹ 13.4에서 6.25를 빼고 9.2를 더한 수

식 13.4 − 6.25 + 9.2 = 16.35

답 16.35

❸ 문장을 끊어 읽으면 하나의 식으로 나타내기 쉬워요.
7.22와 1.5의 합에서 / 0.26을 뺀 수
7.22 + 1.5 / −0.26

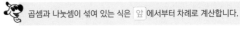

10 곱셈과 나눗셈이 섞인 식도 앞에서부터!

곱셈과 나눗셈이 섞여 있는 식은 앞 에서부터 차례로 계산합니다.

✪ 1.5×0.7÷0.3의 계산

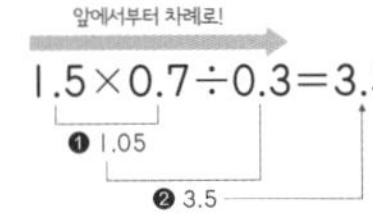

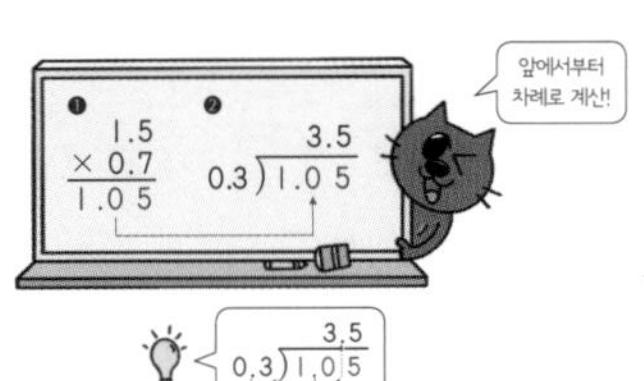

✪ 7.2÷1.2×0.5의 계산

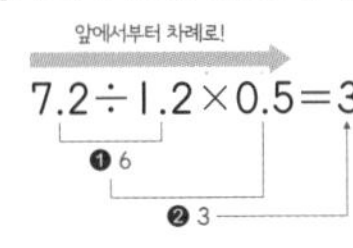

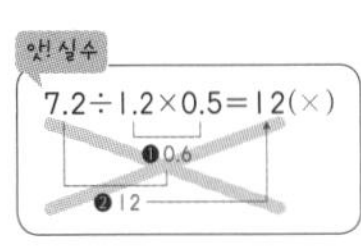

앗! 실수
7.2÷1.2×0.5=12(×)
❶ 0.6
❷ 12

잠깐! 퀴즈

• 먼저 계산해야 할 부분에 ◯표 하세요.

9.1÷1.3×0.2

정답 9.1÷1.3에 ◯표

62~63쪽

계산 순서를 표시하며 계산하세요.

❶ 0.5 × 0.9 ÷ 0.3 = 1.5
❶ 0.45
❷ 1.5

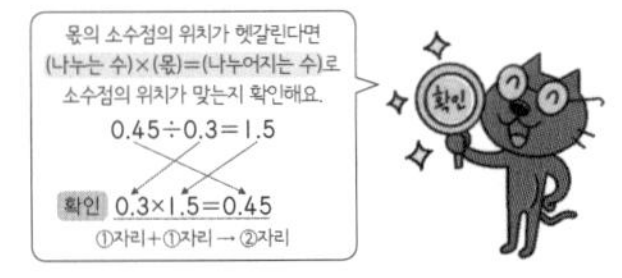
몫의 소수점의 위치가 헷갈린다면
(나누는 수)×(몫)=(나누어지는 수)로
소수점의 위치가 맞는지 확인해요.
0.45÷0.3=1.5
확인 0.3×1.5=0.45
①자리+①자리 → ②자리

❷ 3.2 ÷ 0.4 × 6.3 = 50.4
❶ 8
❷ 50.4

❸ 0.8 × 4.5 ÷ 0.9 = 4
❶ 3.6
❷ 4

❹ 11.9 ÷ 1.7 × 3.7 = 25.9

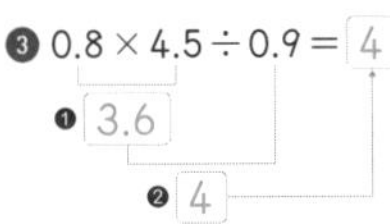

❺ 2.4 × 0.6 ÷ 1.2 = 1.2

❻ 7.8 ÷ 1.3 × 4.8 = 28.8

❼ 12.3 × 0.3 ÷ 4.1 = 0.9

계산 순서를 표시하며 계산하세요.

❶ 0.6 × 2.1 ÷ 0.63 = 2
❶ 1.26
❷ 2

❷ 0.72 ÷ 0.04 × 0.9 = 16.2
❶ 18
❷ 16.2

❸ 1.5 × 1.3 ÷ 0.05 = 39

❹ 2.24 ÷ 0.07 × 0.8 = 25.6

❺ 10.2 × 0.4 ÷ 0.24 = 17

❻ 3.15 ÷ 0.15 × 1.6 = 33.6

❼ 13.2 × 1.1 ÷ 3.63 = 4

❽ 3.28 ÷ 0.04 × 0.8 = 65.6

64~65쪽

$0.2\overline{)0.6\,8}$ = 3.4 나누는 수가 자연수가 되도록 소수점을 똑같이 이동하고, 몫의 소수점은 나누어지는 수의 옮겨진 소수점의 위치에 콕!

🐾 계산 순서를 표시하며 계산하세요.

❶ 0.36 ÷ 1.2 × 2.8 = 0.84 (❶ 0.3 ❷ 0.84)

❷ 0.8 × 1.4 ÷ 0.7 = 1.6 (❶ 1.12 ❷ 1.6)

❸ 1.15 ÷ 2.3 × 6.4 = 3.2

❹ 3.5 × 0.9 ÷ 4.5 = 0.7

❺ 1.44 ÷ 3.6 × 4.7 = 1.88

❻ 2.55 × 0.8 ÷ 1.2 = 1.7

❼ 3.64 ÷ 0.7 × 2.4 = 12.48

❽ 4.08 × 1.5 ÷ 1.7 = 3.6

소수점을 콕! 찍는 것도 잊으면 안 돼요!

도전! 땅 짚고 헤엄치는 문장제

기초 문장제로 연산의 기본 개념을 익혀 봐요!

🐾 식을 읽은 문장을 완성하세요.

❶ 7.5 ÷ 2.5 × 3.8

➡ 7.5를 2.5로 나눈 몫에 3.8을 곱합니다.

❷ 1.6 × 0.7 ÷ 0.56

➡ 1.6의 0.7배인 수를 0.56으로 나눕니다.

🐾 하나의 식으로 나타내고 계산하세요.

❸ 2.8에 0.5를 곱한 수를 0.7로 나눈 몫

식 2.8 × 0.5 ÷ 0.7 = 2

답 2

문장을 /로 끊어 읽어 봐요.

❹ 10.5를 1.5로 나눈 몫의 3.4배인 수

식 10.5 ÷ 1.5 × 3.4 = 23.8

답 23.8

속닥속닥 ❸ 문장을 끊어 읽으면 하나의 식으로 나타내기 쉬워요.
2.8에 0.5를 곱한 수를 / 0.7로 나눈 몫
2.8 × 0.5 / ÷ 0.7

66~67쪽

11 곱셈과 나눗셈은 덧셈과 뺄셈보다 먼저!

덧셈, 뺄셈, 곱셈(나눗셈)이 섞여 있는 식은 곱셈 (나눗셈) 먼저 계산합니다.

✪ 2.1 + 0.6 × 1.5 − 0.3의 계산

곱셈 먼저!

2.1 + 0.6 × 1.5 − 0.3 = 2.7 (❶ 0.9 ❷ 3 ❸ 2.7)

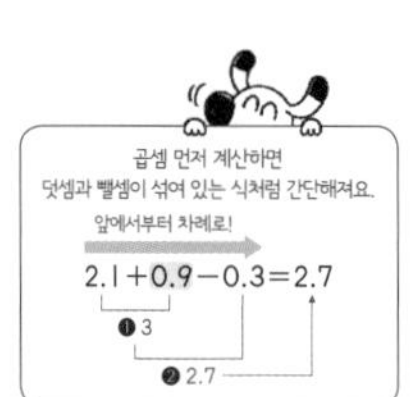

곱셈 먼저 계산하면
덧셈과 뺄셈이 섞여 있는 식처럼 간단해져요.
앞에서부터 차례로!
2.1 + 0.9 − 0.3 = 2.7
❶ 3
❷ 2.7

✪ 3.2 − 2.4 + 0.54 ÷ 0.9의 계산

나눗셈 먼저!

3.2 − 2.4 + 0.54 ÷ 0.9 = 1.4 (❷ 0.8 ❶ 0.6 ❸ 1.4)

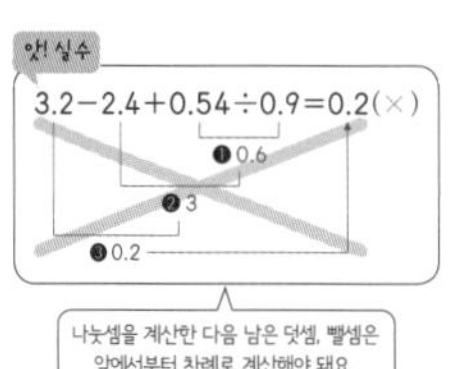

나눗셈을 계산한 다음 남은 덧셈, 뺄셈은 앞에서부터 차례로 계산해야 돼요.

쉬운 덧셈, 뺄셈부터 계산하고 싶겠지만 그러면 답이 완전히 달라져요.
곱셈을 먼저 계산해야 해요.

🐾 곱셈 부분을 ⬭로 묶고 계산하세요.

❶ 3.1 − (1.4 × 0.5) + 1.2 = 3.6 (❶ 0.7 ❷ 2.4 ❸ 3.6)

❷ (0.2 × 4.5) + 4.4 − 2.9 = 2.4 (❶ 0.9 ❷ 5.3 ❸ 2.4)

❸ 4.2 − 0.5 + (3.4 × 0.3) = 4.72 (❷ 3.7 ❶ 1.02 ❸ 4.72)

❹ 5.4 + (1.3 × 0.7) − 1.51 = 4.8

❺ 7.6 − 0.82 + (5.2 × 0.5) = 9.38

계산 순서도 표시해요!

❻ (12.8 × 0.4) + 4.28 − 3.9 = 5.5

❼ 16.2 − (0.9 × 8.5) + 0.25 = 8.8

68~69쪽

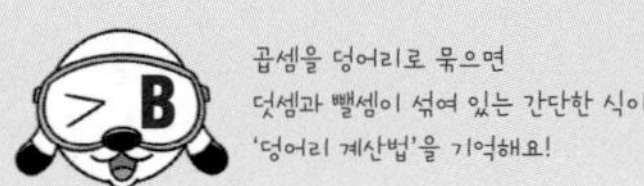

곱셈을 덩어리로 묶으면 덧셈과 뺄셈이 섞여 있는 간단한 식이 돼요. '덩어리 계산법'을 기억해요!

곱셈 부분을 ◯로 묶고 계산하세요.

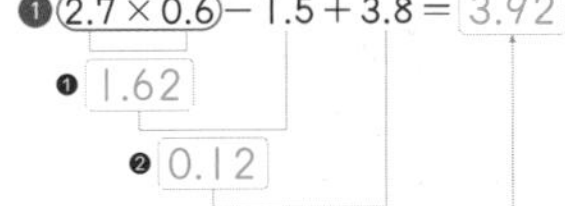

❶ (2.7×0.6)−1.5+3.8=3.92 / ❶ 1.62 ❷ 0.12 ❸ 3.92

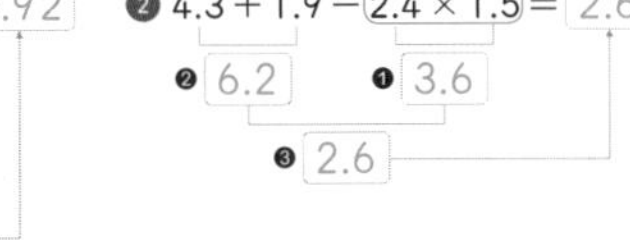

❷ 4.3+1.9−(2.4×1.5)=2.6 / ❶ 3.6 ❷ 6.2 ❸ 2.6

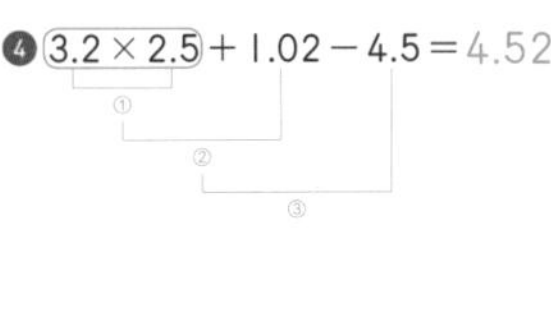

❸ 5.1−(1.8×0.9)+2.6=6.08

❹ (3.2×2.5)+1.02−4.5=4.52

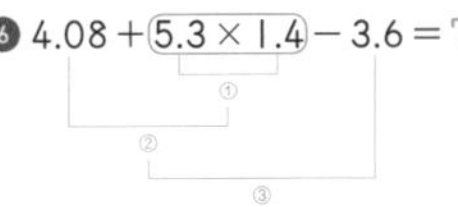

계산 순서도 표시해요!

❺ 6.7−0.45+(2.7×1.7)=10.84

❻ 4.08+(5.3×1.4)−3.6=7.9

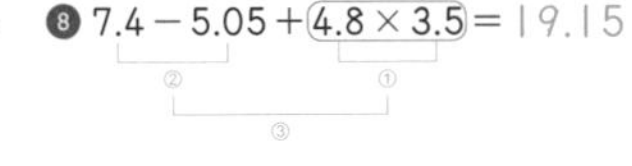

❼ (8.15×0.4)+1.8−4.2=0.86

❽ 7.4−5.05+(4.8×3.5)=19.15

덧셈, 뺄셈, 나눗셈이 섞여 있는 식은 나눗셈을 먼저 계산해요.

나눗셈 부분을 ◯로 묶고 계산하세요.

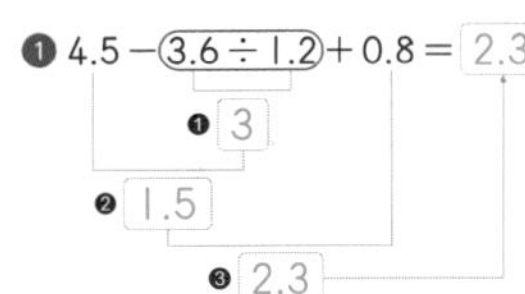

❶ 4.5−(3.6÷1.2)+0.8=2.3 / ❶ 3 ❷ 1.5 ❸ 2.3

가장 먼저 계산하는 나눗셈을 한 덩어리로 생각하고 묶어요!
4.5−(3.6÷1.2)+0.8

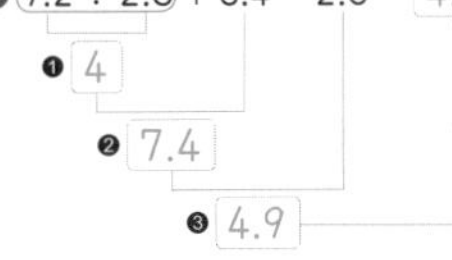

❷ (9.2÷2.3)+3.4−2.5=4.9 / ❶ 4 ❷ 7.4 ❸ 4.9

❸ 5.1−0.4+(4.2÷0.6)=11.7 / ❶ 7 ❷ 4.7 ❸ 11.7

❹ 6.3+(0.64÷0.02)−3.5=34.8

❺ (0.81÷0.03)−4.6+1.8=24.2

계산 순서도 표시해요!

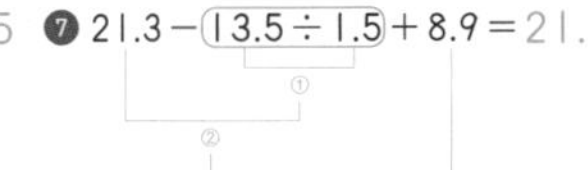

❻ 7.42+4.08−(10.4÷2.6)=7.5

❼ 21.3−(13.5÷1.5)+8.9=21.2

70~71쪽

계산 순서를 표시하지 않고 암산하면 실수하기 쉬워요. 자신이 있더라도 계산 순서를 표시하는 습관이 중요해요!

나눗셈 부분을 ◯로 묶고 계산하세요.

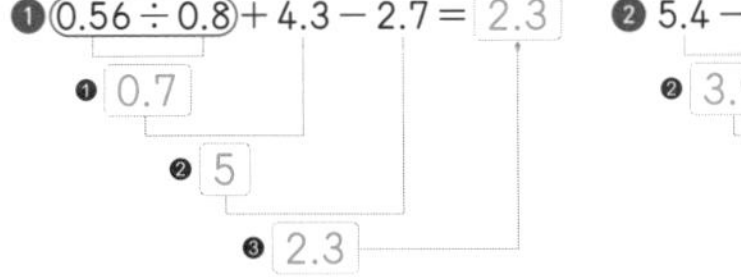

❶ (0.56÷0.8)+4.3−2.7=2.3 / ❶ 0.7 ❷ 5 ❸ 2.3

❷ 5.4−1.5+(0.72÷0.6)=5.1 / ❶ 1.2 ❷ 3.9 ❸ 5.1

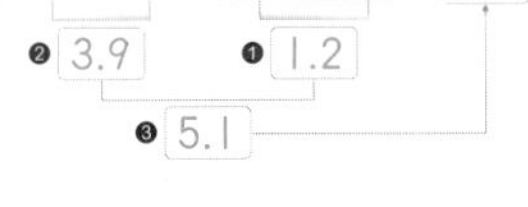

❸ 2.61+(0.48÷1.2)−2.5=0.51

❹ (5.12÷0.2)−0.9+3.8=28.5

계산 순서도 표시해요!

❺ 4.5+2.74−(2.09÷1.1)=5.34

❻ 3.05−(1.56÷1.3)+3.4=5.25

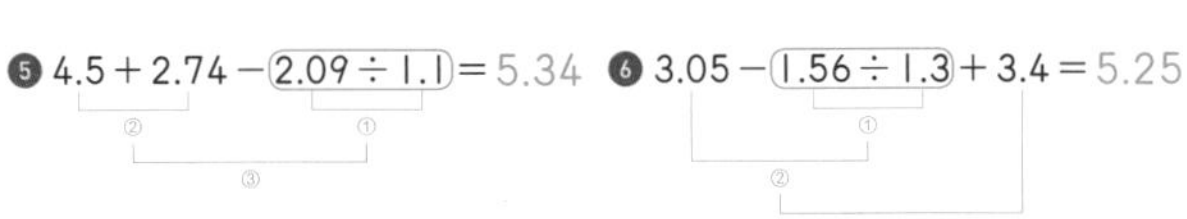

❼ 5.74+(1.02÷3.4)−2.9=3.14

❽ 9.6−4.28+(1.28÷1.6)=6.12

도전! 땅 짚고 헤엄치는 문장제

기초 문장제로 연산의 기본 개념을 익혀 봐요!

식을 읽은 문장을 완성하세요.

❶ 7.2−3.8+6.3×0.3

➡ 7.2와 3.8의 차에 6.3의 0.3배인 수를 더합니다.

❷ 0.15+4.6÷0.2−1.6

➡ 0.15에 4.6을 0.2로 나눈 몫을 더하고 1.6을 뺍니다.

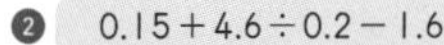

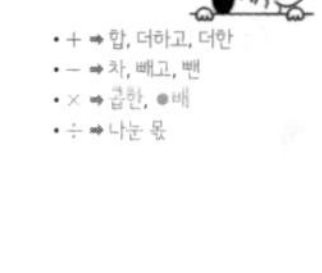

+ ➡ 합, 더하고, 더한
− ➡ 차, 빼고, 뺀
× ➡ 곱한, ●배
÷ ➡ 나눈 몫

하나의 식으로 나타내고 계산하세요.

❸ 3.4에 0.7과 1.2의 곱을 더하고 0.5를 뺀 수

식 3.4 (+) 0.7 (×) 1.2 (−) 0.5 = 3.74

답 3.74

문장을 /로 끊어 읽어 봐요.

❹ 4.5와 2.16의 차에 0.45를 0.5로 나눈 몫을 더한 수

식 4.5−2.16+0.45÷0.5=3.24

답 3.24

❸ 문장을 끊어 읽으면 하나의 식으로 나타내기 쉬워요.

3.4에 / 0.7과 1.2의 곱을 / 더하고 / 0.5를 뺀 수

3.4 + 0.7×1.2 −0.5

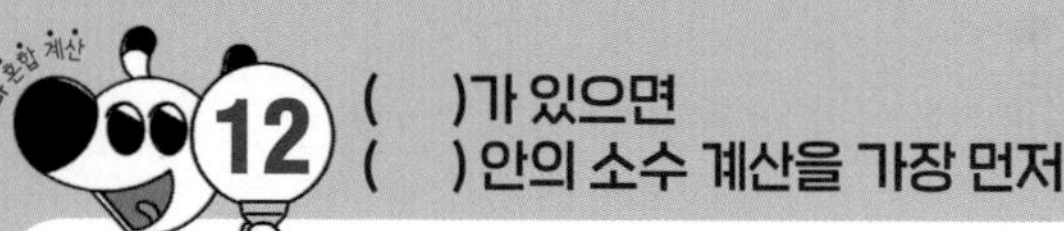

12 ( )가 있으면 ( ) 안의 소수 계산을 가장 먼저!

덧셈, 뺄셈, 곱셈(나눗셈)이 섞여 있고 ( )가 있는 식은
( ) 안 ➡ 곱셈 (나눗셈) ➡ 덧셈, 뺄셈 순서로 계산합니다.

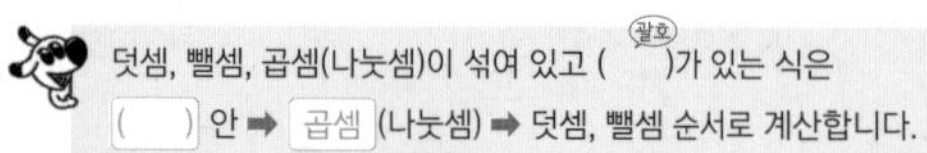

3.6−0.2×(1.5+0.8)의 계산

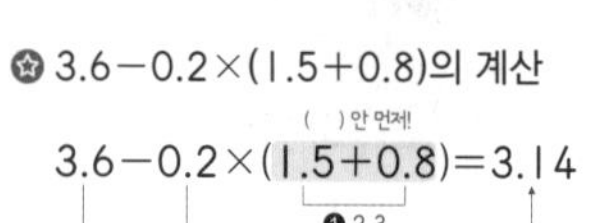
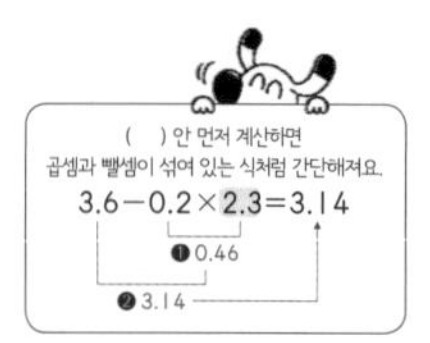

1.2+(4.3−2.5)÷0.6의 계산

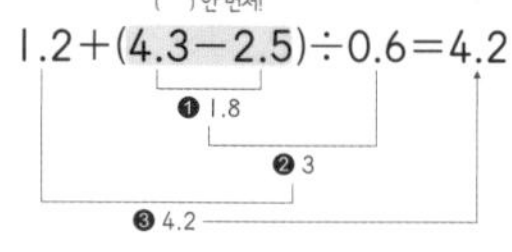
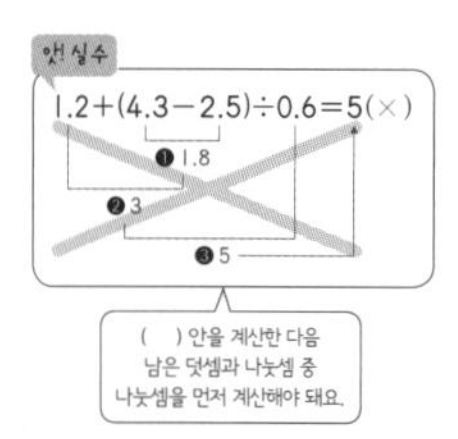
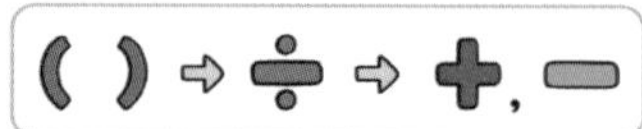

무조건 곱셈, 나눗셈 먼저 계산하면 안 돼요.
덧셈이나 뺄셈일지라도 ( )로 묶여 있으면 가장 먼저 계산해요.

( ) 안을 ⊂⊃로 묶고 계산하세요.

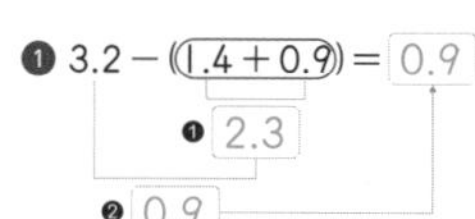

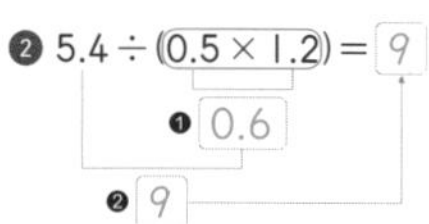
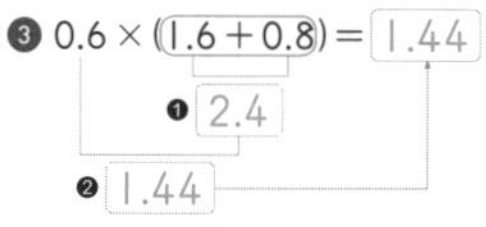

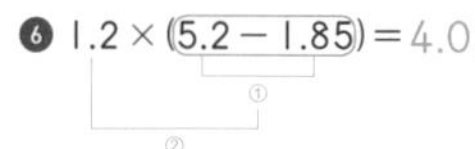
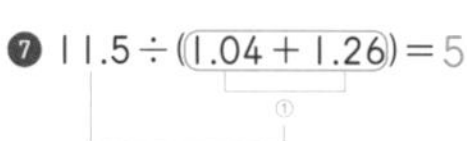

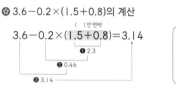

혼합 계산을 실수하는 이유 중 하나가 계산 순서를 표시하지 않고 암산하기 때문이에요.
자신이 있더라도 계산 순서를 표시하는 습관이 중요해요.

( ) 안을 ⊂⊃로 묶고 계산하세요.

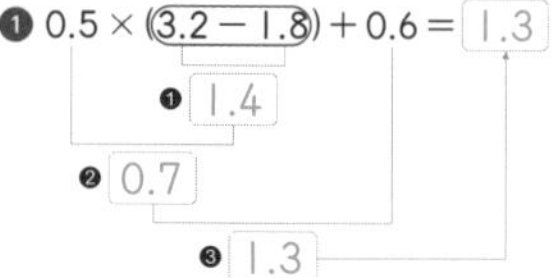
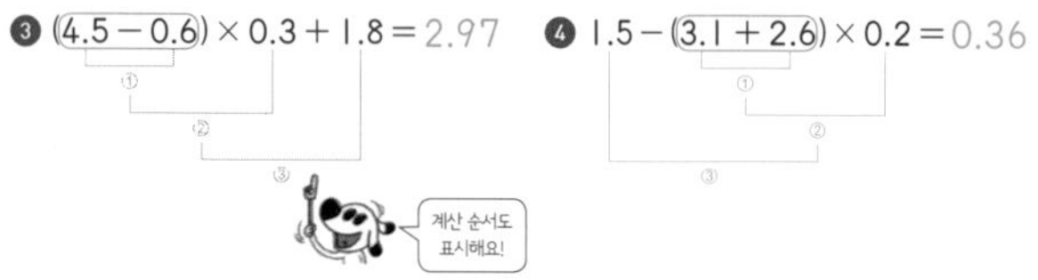
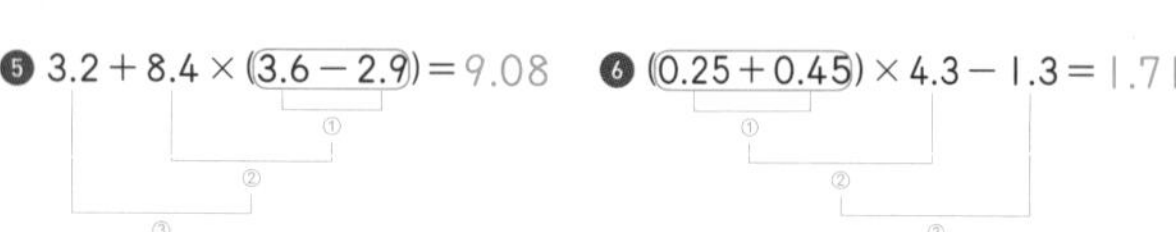

( ) 안을 덩어리로 묶으면 간단한 식이 돼요.
'덩어리 계산법'을 기억해요!

( ) 안을 ⊂⊃로 묶고 계산하세요.

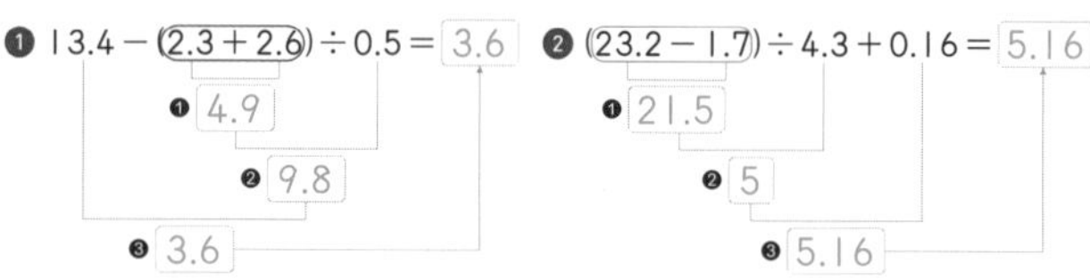
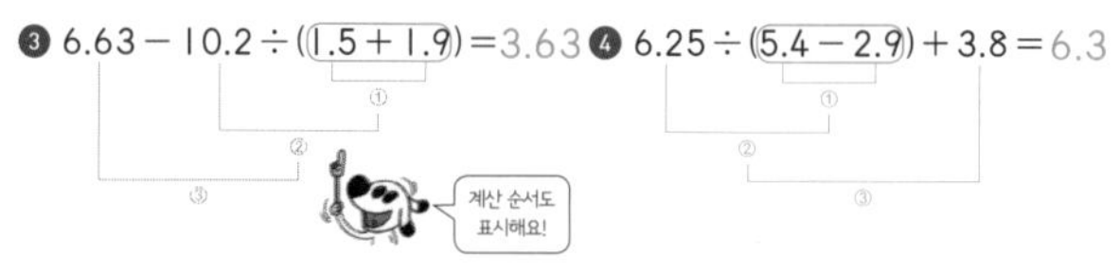
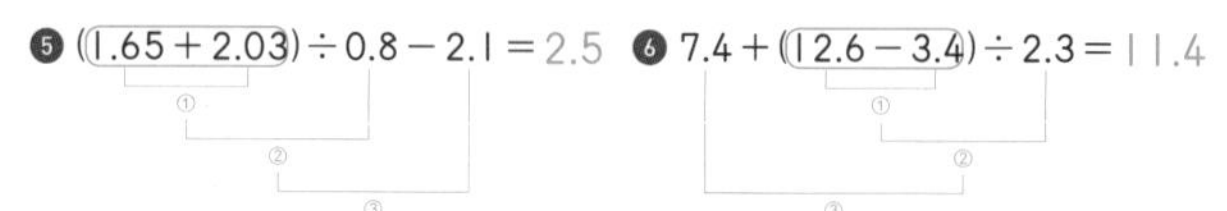
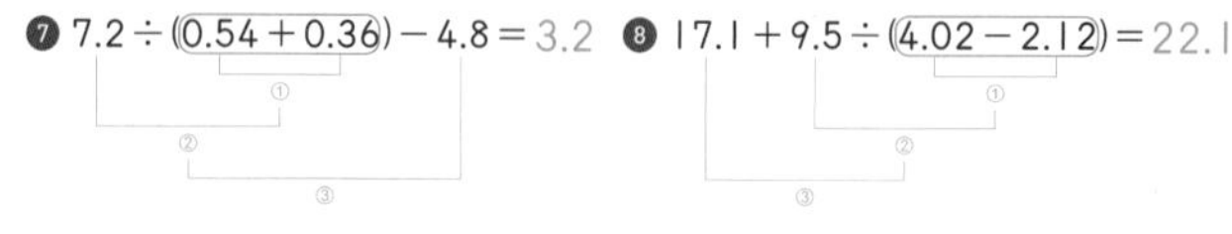

76~77쪽

조금 복잡하지만 포기하지 말고 계산 순서를 표시하여 차근차근 계산해요!

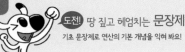

( ) 안을 ( )로 묶고 계산하세요.

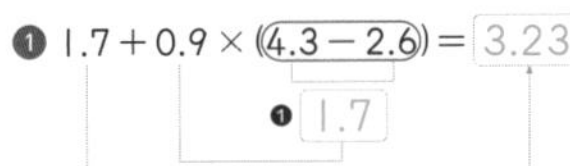

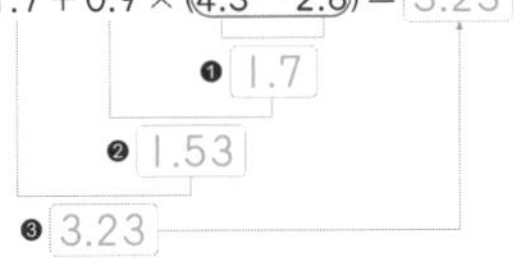

❶ 1.7 + 0.9 × (4.3 − 2.6) = 3.23
① 1.7 ② 1.53 ③ 3.23

❷ 1.02 ÷ (1.6 + 1.8) − 0.07 = 0.23
① 3.4 ② 0.3 ③ 0.23

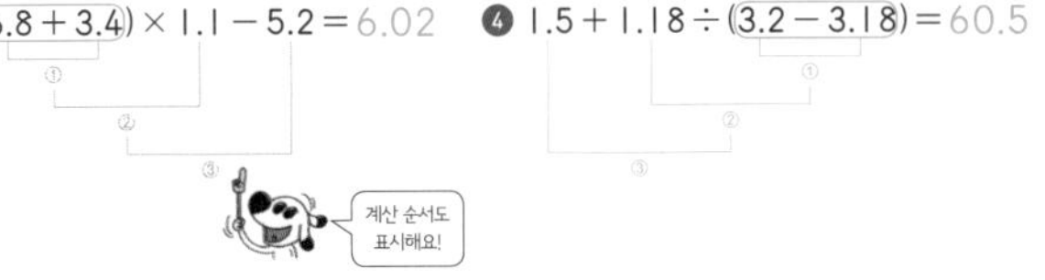

❸ (6.8 + 3.4) × 1.1 − 5.2 = 6.02

❹ 1.5 + 1.18 ÷ (3.2 − 3.18) = 60.5

계산 순서도 표시해요!

❺ 0.8 × (5.3 − 2.15) + 3.9 = 6.42

❻ (0.24 + 1.6) ÷ 0.2 − 3.7 = 5.5

❼ 8.9 + (4.6 − 1.25) ÷ 6.7 = 9.4

여기까지 오느라
정말 수고했어요!
조금만 더 힘내요!

도전! 땅 짚고 헤엄치는 문장제

기초 문장제로 연산의 기본 개념을 익혀 봐요!

- + ➡ 합, 더하고, 더한
- − ➡ 차, 빼고, 뺀
- × ➡ 곱한, ●배
- ÷ ➡ 나눈 몫

식을 읽은 문장을 완성하세요.

❶ (0.6 + 1.5) ÷ 0.7 − 1.4

➡ 0.6과 1.5 의 합을 0.7로 나눈 몫 에서 1.4 를 뺍니다.

❷ 4.2 ÷ (2.3 − 0.9) + 0.8 × 0.4

➡ 4.2를 2.3 과 0.9의 차로 나눈 몫에 0.8과 0.4 의 곱을 더합니다.

밑줄 친 부분을 ( ) 안에 넣어 하나의 식으로 나타내고 계산하세요.

❸ 1.6에 0.7과 0.4의 합을 곱하고 0.28을 뺀 수

식 1.6 × (0.7 + 0.4) − 0.28 = 1.48

답 1.48

1.6에 곱하는 부분은 '0.7과 0.4의 합'이에요. 밑줄 친 부분을 한 덩어리로 생각하고 ( )로 묶어요.

❹ 6.4에 8.5를 3.5와 1.8의 차로 나눈 몫을 더한 수

식 6.4 + 8.5 ÷ (3.5 − 1.8) = 11.4

답 11.4

❸ 문장을 끊어 읽으면 하나의 식으로 나타내기 쉬워요.
1.6에 0.7과 0.4의 합을 / 곱하고 / 0.28을 뺀 수
1.6 (0.7+0.4) × −0.28

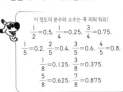

80~81쪽

13 분모가 10, 100……인 분수로 소수를 나타내

분수를 소수로 나타내기

분수를 분모 가 10, 100, 1000……인 분수로 만들어 소수로 나타냅니다.

$\frac{2}{5}=\frac{2\times2}{5\times2}=\frac{4}{10}=0.4$

$\frac{3}{4}=\frac{3\times25}{4\times25}=\frac{75}{100}=0.75$

$\frac{5}{8}=\frac{5\times125}{8\times125}=\frac{625}{1000}=0.625$

이 정도의 분수와 소수는 꼭 외워 둬요!
$\frac{1}{2}=0.5$, $\frac{1}{4}=0.25$, $\frac{3}{4}=0.75$,
$\frac{1}{5}=0.2$, $\frac{2}{5}=0.4$, $\frac{3}{5}=0.6$, $\frac{4}{5}=0.8$,
$\frac{1}{8}=0.125$, $\frac{3}{8}=0.375$,
$\frac{5}{8}=0.625$, $\frac{7}{8}=0.875$

바빠 꿀팁

- 분자를 분모로 나누어 분수를 소수로 나타낼 수도 있어요.

$\frac{3}{4}=3\div4$ → 4)3.00 = 0.75 (28, 20, 20, 0) → $\frac{3}{4}=0.75$

분자
분모

소수를 분수로 나타내는 방법

소수를 분모가 10, 100, 1000……인 분수 로 나타냅니다.

$3.6=3\frac{6}{10}=3\frac{3}{5}$ (약분될 경우 기약분수로 나타내요.)

$0.25=\frac{25}{100}=\frac{1}{4}$

$1.054=1\frac{54}{1000}=1\frac{27}{500}$

2×5=10
4×25=100
8×125=1000

곱해서 분모를 10, 100, 1000으로 만들 수 있는 수를 기억해 두면 좋아요.

분수를 소수로 나타내세요.

❶ $\frac{3}{5}=\frac{3\times2}{5\times2}=\frac{6}{10}=0.6$

❷ $\frac{3}{20}=0.15$

❸ $\frac{4}{25}=0.16$

❹ $4\frac{1}{2}=4.5$

❺ $2\frac{1}{4}=2.25$

❻ $5\frac{1}{8}=5.125$

❼ $\frac{11}{20}=0.55$

❽ $3\frac{4}{5}=3.8$

❾ $2\frac{8}{25}=2.32$

❿ $1\frac{3}{8}=1.375$

⓫ $3\frac{19}{25}=3.76$

⓬ $\frac{9}{40}=0.225$

⓭ $1\frac{7}{8}=1.875$

⓮ $2\frac{7}{20}=2.35$

⓯ $\frac{11}{125}=0.088$

⓰ $\frac{123}{250}=0.492$

소수를 기약분수로 나타낼 때에는 먼저 분모가 10, 100, 1000……인 분수로 만든 다음 기약분수로 나타내요.

소수를 기약분수로 나타내세요.

❶ $0.4=\frac{\overset{2}{\cancel{4}}}{\underset{5}{\cancel{10}}}=\frac{2}{5}$

❷ $0.5=\frac{1}{2}$

❸ $0.25=\frac{1}{4}$

❹ $1.6=1\frac{3}{5}$

❺ $1.32=1\frac{8}{25}$

❻ $5.11=5\frac{11}{100}$

❼ $1.009=1\frac{9}{1000}$

❽ $0.008=\frac{1}{125}$

❾ $2.27=2\frac{27}{100}$

❿ $4.3=4\frac{3}{10}$

⓫ $3.4=3\frac{2}{5}$

⓬ $1.65=1\frac{13}{20}$

⓭ $6.75=6\frac{3}{4}$

⓮ $5.04=5\frac{1}{25}$

⓯ $1.005=1\frac{1}{200}$

⓰ $4.016=4\frac{2}{125}$

다음 문장을 읽고 문제를 풀어 보세요.

❶ 1.36을 기약분수로 나타내세요.

$1.36=1\frac{36}{100}=1\frac{9}{25}$ $1\frac{9}{25}$

❷ 연우네 집에서 학교까지의 거리는 $1\frac{7}{25}$ km입니다. 연우네 집에서 학교까지의 거리를 소수로 나타내세요.

$1\frac{7}{25}=1\frac{28}{100}=1.28$ (km)   1.28 km

단위를 꼭 써요!

❸ 서준이는 1.6시간 동안 낮잠을 잤고, 소영이는 $1\frac{2}{5}$시간 동안 낮잠을 잤습니다. 낮잠을 더 오래 잔 사람은 누구일까요?

$1.6>1\frac{2}{5}(=1.4)$ 서준

❹ 비가 어제는 4.16 mm 내렸고, 오늘은 $4\frac{3}{25}$ mm 내렸습니다. 어제와 오늘 중 비가 더 적게 내린 날은 언제일까요?

$4.16>4\frac{3}{25}(=4.12)$ 오늘

❸ 1.6을 분수로 나타내거나 $1\frac{2}{5}$를 소수로 나타내 크기를 비교해 봐요.

분수와 소수가 섞여 있으면 하나로 통일해

분수와 소수의 나눗셈

방법1 분수를 소수로 바꿔서 계산하기

소수의 나눗셈 → 자연수의 나눗셈

$3.6\div\frac{2}{5}=3.6\div0.4=36\div4=9$

분수 → 소수

방법2 소수를 분수로 바꿔서 계산하기

분수의 나눗셈 → 분수의 곱셈

$3.6\div\frac{2}{5}=\frac{36}{10}\div\frac{2}{5}=\frac{\overset{9}{\cancel{36}}}{\underset{1}{\cancel{10}}}\times\frac{\cancel{5}}{\cancel{2}}=9$

소수 → 분수

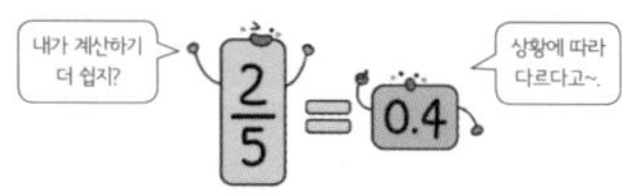

• 분수와 소수 중 어떤 것으로 바꿔서 계산하는 것이 더 간단할까요?

방법1 분수를 소수로 바꿔서 계산하기

$\frac{3}{4}\div1.2=0.75\div1.2=7.5\div12=0.625$

$$\begin{array}{r} 0.625 \\ 12\overline{)7.500} \\ 72 \\ \hline 30 \\ 24 \\ \hline 60 \\ 60 \\ \hline 0 \end{array}$$

방법2 소수를 분수로 바꿔서 계산하기

$\frac{3}{4}\div1.2=\frac{3}{4}\div\frac{12}{10}=\frac{\overset{1}{\cancel{3}}}{\underset{2}{\cancel{4}}}\times\frac{\overset{5}{\cancel{10}}}{\underset{4}{\cancel{12}}}=\frac{5}{8}$

➡ 소수를 분수로 바꿔서 계산하면 약분이 되는 경우가 많아 더 간단하게 계산할 수도 있어요.

분수를 소수로, 소수를 분수로 바꿔서 계산하는 연습을 반복하다 보면 어떤 것으로 바꿔야 계산이 더 쉬운지 빨리 찾을 수 있어요.

분수를 소수로 바꿔서 계산하세요.

❶ $4.5\div\frac{1}{2}=9$

❷ $3.2\div\frac{4}{5}=4$

❸ $6.3\div\frac{9}{10}=7$

❹ $2.4\div\frac{3}{4}=3.2$

❺ $1.5\div\frac{1}{8}=12$

❻ $0.5\div1\frac{1}{4}=0.4$

❼ $3.5\div1\frac{2}{5}=2.5$

❽ $6.4\div1\frac{3}{5}=4$

소수를 분수로 바꿔서 계산하세요.

❾ $3.8\div\frac{1}{5}=19$

❿ $2.5\div\frac{1}{6}=15$

⓫ $4.2\div\frac{7}{11}=6\frac{3}{5}$

⓬ $0.6\div2\frac{1}{7}=\frac{7}{25}$

⓭ $1.8\div1\frac{1}{5}=1\frac{1}{2}$

⓮ $3.6\div2\frac{1}{4}=1\frac{3}{5}$

⓯ $2.8\div2\frac{1}{3}=1\frac{1}{5}$

⓰ $19.2\div2\frac{2}{5}=8$

소수를 분수로 바꿔서 분수의 나눗셈을 할 때 가장 먼저 대분수를 가분수로 바꿔야 한다는 것! 잊지 않았죠?

분수를 소수로 바꿔서 계산하세요.

❶ $\frac{3}{25} \div 0.04 = 3$

❷ $1\frac{3}{5} \div 0.8 = 2$

❸ $1\frac{1}{4} \div 0.25 = 5$

❹ $1\frac{1}{5} \div 1.5 = 0.8$

❺ $2\frac{1}{25} \div 0.51 = 4$

❻ $1\frac{2}{5} \div 0.28 = 5$

❼ $2\frac{7}{8} \div 0.5 = 5.75$

❽ $4\frac{1}{2} \div 2.4 = 1.875$

소수를 분수로 바꿔서 계산하세요.

❾ $\frac{3}{4} \div 0.2 = 3\frac{3}{4}$

❿ $\frac{3}{5} \div 0.15 = 4$

⓫ $1\frac{1}{5} \div 0.8 = 1\frac{1}{2}$

⓬ $3\frac{1}{2} \div 0.5 = 7$

⓭ $2\frac{2}{3} \div 3.2 = \frac{5}{6}$

⓮ $2\frac{1}{4} \div 0.3 = 7\frac{1}{2}$

⓯ $4\frac{1}{5} \div 1.4 = 3$

⓰ $1\frac{1}{8} \div 0.9 = 1\frac{1}{4}$

분수와 소수 중 계산하기 더 편리한 것으로 바꿔서 계산해요.

분수를 소수로 바꾸거나 소수를 분수로 바꿔서 계산하세요.

❶ $2.7 \div \frac{9}{10} = 3$

❷ $2\frac{1}{2} \div 0.5 = 5$

❸ $8.4 \div 1\frac{2}{5} = 6$

❹ $2\frac{3}{4} \div 0.25 = 11$

❺ $17.5 \div 2\frac{1}{2} = 7$

❻ $4\frac{4}{5} \div 0.8 = 6$

❼ $0.72 \div \frac{8}{9} = \frac{81}{100}$

❽ $1\frac{4}{5} \div 4.5 = \frac{2}{5}(=0.4)$

❾ $1.25 \div 6\frac{1}{4} = \frac{1}{5}(=0.2)$

❿ $10\frac{1}{2} \div 1.2 = 8\frac{3}{4}(=8.75)$

⓫ $0.65 \div \frac{5}{12} = 1\frac{14}{25}$

⓬ $2\frac{5}{8} \div 3.5 = \frac{3}{4}(=0.75)$

⓭ $25.5 \div 1\frac{1}{5} = 21\frac{1}{4}(=21.25)$

⓮ $2\frac{1}{4} \div 1.25 = 1\frac{4}{5}(=1.8)$

도전! 땅 짚고 헤엄치는 문장제

기초 문장제로 연산의 기본 개념을 익혀 봐요!

다음 문장을 읽고 문제를 풀어 보세요.

❶ 5.6을 $\frac{4}{5}$로 나눈 몫은 얼마일까요?

$5.6 \div \frac{4}{5} = 5.6 \div 0.8 = 7$ — 7

분수 또는 소수로 통일하여 계산해요.

❷ 선물 한 개를 포장하는 데 0.82 m의 리본이 필요합니다. 리본 $3\frac{7}{25}$ m로는 몇 개의 선물을 포장할 수 있을까요?

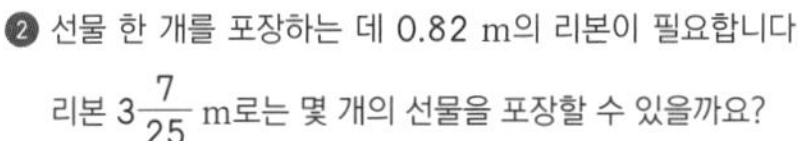
$3\frac{7}{25} \div 0.82 = 3.28 \div 0.82 = 4$(개) — 4 개

단위를 꼭 써요!

❸ 전봇대의 높이는 $4\frac{5}{8}$ m이고, 가로수의 높이는 2.5 m입니다. 전봇대의 높이는 가로수의 높이의 몇 배일까요?

$4\frac{5}{8} \div 2.5 = \frac{37}{8} \div \frac{25}{10} = \frac{37}{8} \times \frac{10}{25}$
$= \frac{37}{20} = 1\frac{17}{20}$(배)$= 1.85$(배) — $1\frac{17}{20}$배$(=1.85$배$)$

❹ 수박의 무게는 멜론의 무게의 $4\frac{1}{2}$배입니다. 수박의 무게가 7.2 kg이라면 멜론의 무게는 몇 kg일까요?

$7.2 \div 4\frac{1}{2} = \frac{72}{10} \div \frac{9}{2} = \frac{72}{10} \times \frac{2}{9}$
$= \frac{8}{5} = 1\frac{3}{5}$ (kg)$= 1.6$ (kg) — $1\frac{3}{5}$ kg$(=1.6$ kg$)$

❹ (멜론의 무게)=(수박의 무게)÷$4\frac{1}{2}$이에요.

15 나누어떨어지지 않을 땐, 소수를 분수로 바꿔

나누어떨어지지 않는 분수와 소수의 나눗셈

방법1 분수를 소수로 바꿔서 계산하기

$5\frac{1}{2} \div 1.4 = 5.5 \div 1.4 = 55 \div 14 = 3.9285\cdots\cdots$

분수 → 소수

나눗셈의 몫이 나누어떨어지지 않으므로 몫을 정확하게 나타낼 수 없어요.

방법2 소수를 분수로 바꿔서 계산하기

$5\frac{1}{2} \div 1.4 = 5\frac{1}{2} \div \frac{14}{10} = \frac{11}{2} \times \frac{10}{14} = \frac{55}{14} = 3\frac{13}{14}$

소수 → 분수

나누어떨어지지 않을 땐, 소수를 분수로 바꿔서 계산하는 것이 정확해요.

- 나누어떨어지지 않는 나눗셈의 몫을 어림하여 나타낼 수 있어요.

$5\frac{1}{2} \div 1.4 = 3.9285\cdots\cdots$

➡ 반올림하여 소수 첫째 자리까지 나타내면 3.92 → 3.9 (버림)

➡ 반올림하여 소수 둘째 자리까지 나타내면 3.928 → 3.93 (올림)

나누어떨어지지 않을 때는 몫을 반올림하면 되지만 정확한 값은 아니에요.
이럴 땐 소수를 분수로 바꿔서 분수의 나눗셈을 하면 정확한 값을 구할 수 있어요.

계산하세요.

❶ $0.5 \div \frac{3}{5} = \frac{5}{6}$

❷ $3\frac{1}{5} \div 2.4 = 1\frac{1}{3}$

❸ $1.4 \div \frac{3}{4} = 1\frac{13}{15}$

❹ $5\frac{5}{7} \div 3.5 = 1\frac{31}{49}$

❺ $3.4 \div 1\frac{1}{5} = 2\frac{5}{6}$

❻ $3\frac{3}{5} \div 1.1 = 3\frac{3}{11}$

❼ $2.5 \div \frac{7}{10} = 3\frac{4}{7}$

❽ $2\frac{2}{3} \div 3.2 = \frac{5}{6}$

❾ $8.7 \div 4\frac{1}{2} = 1\frac{14}{15}$

❿ $1\frac{1}{3} \div 0.5 = 2\frac{2}{3}$

⓫ $1.6 \div \frac{3}{25} = 13\frac{1}{3}$

⓬ $2\frac{1}{5} \div 1.7 = 1\frac{5}{17}$

⓭ $2.75 \div 3\frac{3}{5} = \frac{55}{72}$

⓮ $4\frac{5}{7} \div 2.2 = 2\frac{1}{7}$

여러 경우를 연습해야 분수와 소수 중 어떤 것으로 바꾸는 게 더 편리한지 알 수 있어요.
나누어떨어지지 않는 계산에서 소수를 분수로 바꿔서 계산하여 정확한 답을 구해 봐요.

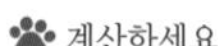

계산하세요.

❶ $2.2 \div \frac{3}{10} = 7\frac{1}{3}$

❷ $2\frac{1}{6} \div 0.5 = 4\frac{1}{3}$

❸ $3.5 \div 1\frac{3}{5} = 2\frac{3}{16}$

❹ $1\frac{1}{5} \div 1.8 = \frac{2}{3}$

❺ $1.5 \div 1\frac{2}{7} = 1\frac{1}{6}$

❻ $3\frac{1}{5} \div 0.9 = 3\frac{5}{9}$

❼ $2.5 \div 3\frac{1}{4} = \frac{10}{13}$

❽ $3\frac{1}{2} \div 2.7 = 1\frac{8}{27}$

❾ $6.5 \div \frac{9}{10} = 7\frac{2}{9}$

❿ $2\frac{8}{9} \div 1.3 = 2\frac{2}{9}$

⓫ $3.6 \div 3\frac{2}{5} = 1\frac{1}{17}$

⓬ $3\frac{5}{8} \div 8.7 = \frac{5}{12}$

⓭ $8.4 \div 1\frac{11}{25} = 5\frac{5}{6}$

⓮ $5\frac{2}{5} \div 0.7 = 7\frac{5}{7}$

다음 문장을 읽고 문제를 풀어 보세요.

❶ 3.6을 $\frac{7}{10}$로 나눈 몫을 분수로 나타내세요.

$3.6 \div \frac{7}{10} = \frac{36}{10} \times \frac{10}{7} = \frac{36}{7} = 5\frac{1}{7}$ 답: $5\frac{1}{7}$

❷ $1\frac{1}{2}$을 2.7로 나눈 몫을 반올림하여 소수 둘째 자리까지 나타내세요.

$1\frac{1}{2} \div 2.7 = 1.5 \div 2.7 = 0.555\cdots\cdots$ ➡ 약 0.56 답: 0.56

❸ 꽃 한 송이를 포장하는 데 리본이 $4\frac{2}{5}$ m 필요합니다. 리본 52.6 m로는 꽃을 몇 송이까지 포장할 수 있을까요?

$52.6 \div 4\frac{2}{5} = 52.6 \div 4.4 = 11.9\cdots\cdots$ ➡ 11송이 답: 11송이

❹ 노란색 실 $5\frac{1}{4}$ m와 빨간색 실 3.3 m가 있습니다. 노란색 실의 길이는 빨간색 실의 길이의 몇 배일까요?

$5\frac{1}{4} \div 3.3 = \frac{21}{4} \div \frac{33}{10} = \frac{21}{4} \times \frac{10}{33} = \frac{35}{22} = 1\frac{13}{22}$(배) 답: $1\frac{13}{22}$배

❸ $4\frac{2}{5}$ m보다 짧은 리본으로는 꽃을 포장할 수 없으므로 몫을 자연수 부분까지만 구해요.

16 자연수의 혼합 계산 순서를 기억하며 풀자

셈이 2개인 분수와 소수의 혼합 계산

• 곱셈과 나눗셈이 섞여 있는 식은 앞에서부터 차례로 계산합니다.

앞에서부터 차례로!

$4.2 \div 1\frac{1}{6} \times 1.5 = \frac{42}{10} \times \frac{6}{7} \times 1.5 = \frac{18}{5} \times \frac{15}{10} = \frac{27}{5} = 5\frac{2}{5}$

• 곱셈과 덧셈 또는 뺄셈이 섞여 있는 식은 곱셈 먼저 계산합니다.

곱셈 먼저!

$5.2 - 1\frac{1}{9} \times 2.7 = 5.2 - \frac{10}{9} \times \frac{27}{10} = 5.2 - 3 = 2.2$

• 나눗셈과 덧셈 또는 뺄셈이 섞여 있는 식은 나눗셈 먼저 계산합니다.

나눗셈 먼저!

$2\frac{1}{4} + 3.2 \div 1\frac{3}{5} = 2\frac{1}{4} + \frac{32}{10} \times \frac{5}{8} = 2\frac{1}{4} + 2 = 4\frac{1}{4}$

• ( )가 있는 식은 ( ) 안을 먼저 계산합니다.

( ) 안 먼저!

$\left(2\frac{3}{5} - 1.2\right) \times 1\frac{1}{4} = (2.6 - 1.2) \times 1\frac{1}{4} = 1.4 \times 1\frac{1}{4}$

$= \frac{14}{10} \times \frac{5}{4} = \frac{7}{4} = 1\frac{3}{4}$

곱셈과 나눗셈이 섞여 있는 식은 앞에서부터 차례로 계산하면 돼요. 중요한 건 소수를 분수로 바꾸거나 분수를 소수로 바꾸는 방법 중 계산하기 쉬운 방법을 선택하는 거예요.

계산 순서를 표시하며 계산하세요.

계산 순서를 표시하는 게 혼합 계산을 잘하는 비결이라는 것 알죠?

❶ $2.4 \div \frac{2}{5} \times 0.6 = 3\frac{3}{5}(=3.6)$

❷ $3\frac{3}{4} \times 1.6 \div 1\frac{5}{7} = 3\frac{1}{2}$

❸ $5.2 \div 5\frac{1}{5} \times 1\frac{4}{9} = 1\frac{4}{9}$

❹ $1\frac{5}{7} \times 1.4 \div \frac{8}{9} = 2\frac{7}{10}(=2.7)$

❺ $3.8 \div 2\frac{5}{7} \times 1.5 = 2\frac{1}{10}(=2.1)$

❻ $1.8 \times \frac{3}{8} \div 0.9 = \frac{3}{4}(=0.75)$

❼ $4\frac{2}{5} \div 6.6 \times 1\frac{1}{4} = \frac{5}{6}$

곱셈 또는 나눗셈을 덩어리로 묶으면 덧셈 또는 뺄셈이 있는 간단한 식이 돼요. '덩어리 계산법'을 기억해요!

곱셈 또는 나눗셈 부분을 ◯로 묶고 계산하세요.

❶ $1\frac{3}{4} + (2.3 \div 3\frac{5}{6}) = 2\frac{7}{20}(=2.35)$

❷ $(3\frac{4}{7} \times 2.1) + 2.6 = 10\frac{1}{10}(=10.1)$

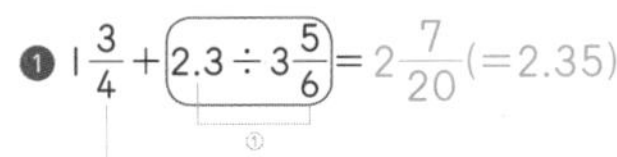

❸ $1\frac{3}{5} - (1.2 \times 1\frac{1}{8}) = \frac{1}{4}(=0.25)$

❹ $4\frac{1}{2} - (6.5 \div 1\frac{6}{7}) = 1$

❺ $(0.5 \div 1\frac{1}{4}) + 3.7 = 4\frac{1}{10}(=4.1)$

❻ $5.5 - (1\frac{1}{4} \times 2.4) = 2\frac{1}{2}(=2.5)$

❼ $2\frac{1}{6} + (2.7 \div 1\frac{4}{5}) = 3\frac{2}{3}$

덧셈이나 뺄셈일지라도 ( )로 묶여 있으면 먼저 계산해요.

( ) 안을 ◯로 묶고 계산하세요.

❶ $(\frac{3}{5} + \frac{1}{4}) \times 0.5 = \frac{17}{40}(=0.425)$

❷ $\frac{4}{5} \times (1\frac{1}{8} - 0.025) = \frac{22}{25}(=0.88)$

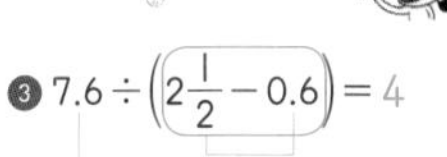

❸ $7.6 \div (2\frac{1}{2} - 0.6) = 4$

❹ $(\frac{3}{20} + 0.65) \div 3\frac{1}{5} = \frac{1}{4}(=0.25)$

❺ $(1\frac{3}{4} - 0.15) \times 2.5 = 4$

❻ $3.77 \div (2\frac{1}{2} + 3.3) = \frac{13}{20}(=0.65)$

❼ $(2\frac{1}{4} + 9.75) \times 0.5 = 6$

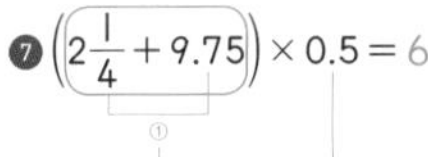

도전! 땅 짚고 헤엄치는 문장제

기초 문장제로 연산의 기본 개념을 익혀 봐요!

식을 읽은 문장을 완성하세요.

- + ➡ 합, 더하고, 더한
- − ➡ 차, 빼고, 뺀
- × ➡ 곱, ●배
- ÷ ➡ 나눈 몫

❶ $1\frac{3}{4} + 0.5 \div \frac{2}{5}$

➡ $1\frac{3}{4}$에 0.5를 $\frac{2}{5}$로 나눈 몫을 더합니다.

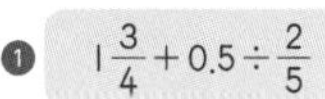

하나의 식으로 나타내고 계산하세요.

❷ 0.6과 $\frac{5}{14}$의 곱을 $2\frac{4}{7}$로 나눈 몫

식 $0.6 \times \frac{5}{14} \div 2\frac{4}{7} = \frac{1}{12}$

답 $\frac{1}{12}$

❸ $3\frac{1}{5}$과 2.5의 차에 $\frac{2}{3}$를 곱한 수

$\frac{2}{3}$를 곱해야 하는 부분은 '$3\frac{1}{5}$과 2.5의 차'예요. 밑줄 친 부분을 한 덩어리로 생각하고 ( )로 묶어요.

식 $(3\frac{1}{5} - 2.5) \times \frac{2}{3} = \frac{7}{15}$

답 $\frac{7}{15}$

속닥속닥

❷ 문장을 끊어 읽으면 하나의 식으로 나타내기 쉬워요.

0.6과 $\frac{5}{14}$의 곱을 / $2\frac{4}{7}$로 나눈 몫

$0.6 \times \frac{5}{14}$ $\div 2\frac{4}{7}$

17 계산하면서 분수 또는 소수로 통일해

셈이 3개인 분수와 소수의 혼합 계산

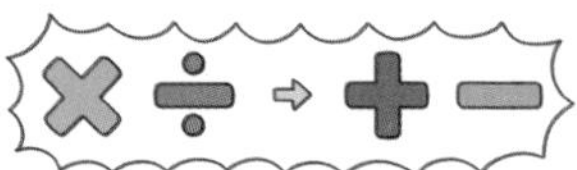

• 곱셈과 나눗셈이 떨어져 있는 계산

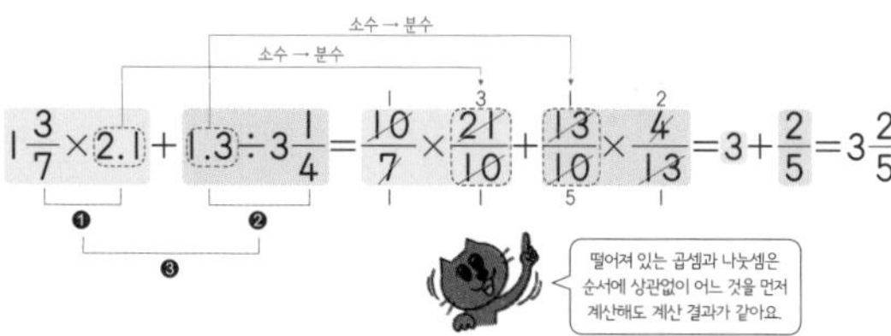

$1\frac{3}{7}\times2.1+1.3\div3\frac{1}{4}=\frac{10}{7}\times\frac{21}{10}+\frac{13}{10}\times\frac{4}{13}=3+\frac{2}{5}=3\frac{2}{5}$

소수 → 분수
소수 → 분수
떨어져 있는 곱셈과 나눗셈은 순서에 상관없이 어느 것을 먼저 계산해도 계산 결과가 같아요.

• 곱셈과 나눗셈이 연달아 있는 계산

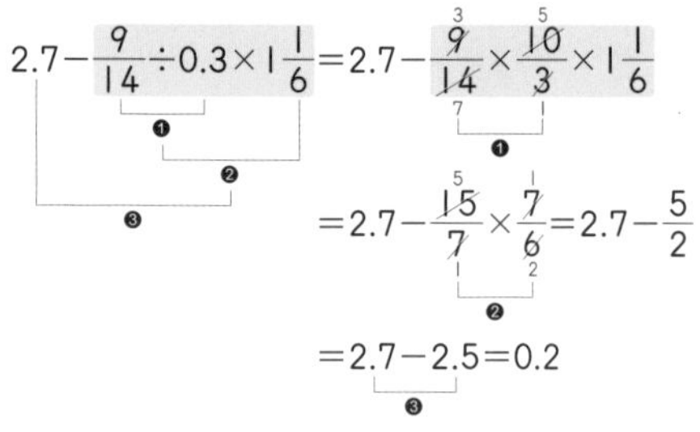

$2.7-\frac{9}{14}\div0.3\times1\frac{1}{6}=2.7-\frac{9}{14}\times\frac{10}{3}\times1\frac{1}{6}$

$=2.7-\frac{15}{7}\times\frac{7}{6}=2.7-\frac{5}{2}$

$=2.7-2.5=0.2$

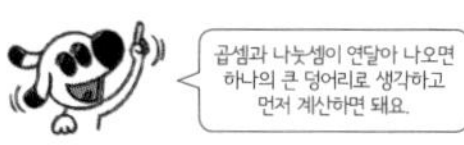

곱셈과 나눗셈이 연달아 나오면 하나의 큰 덩어리로 생각하고 먼저 계산하면 돼요.

처음부터 모든 수를 분수 또는 소수로 바꾸면 더 복잡할 수 있어요.
계산 순서대로 하나씩 편리한 형태로 바꿔서 계산해요.

곱셈, 나눗셈 부분을 각각 ◯로 묶고 계산하세요.

1. $0.5\div\frac{1}{4}+2.5\times\frac{3}{5}=3\frac{1}{2}(=3.5)$
2. $3.4\times\frac{1}{2}-1.8\div2\frac{2}{5}=\frac{19}{20}(=0.95)$

계산 순서도 표시해요!

3. $0.8\div2\frac{1}{2}+4.5\times\frac{2}{5}=2\frac{3}{25}(=2.12)$
4. $4.2\times\frac{4}{7}-\frac{2}{3}\div0.4=\frac{11}{15}$
5. $1.5\div\frac{3}{10}+1\frac{1}{5}\times0.6=5\frac{18}{25}(=5.72)$
6. $1.8\times\frac{4}{5}+3\frac{1}{2}\div0.7=6\frac{11}{25}(=6.44)$

곱셈, 나눗셈이 연달아 나오면 하나의 큰 묶음으로 생각하고
먼저 그 묶음 안을 앞에서부터 차례로 계산하면 돼요.

곱셈, 나눗셈 부분을 ◯로 묶고 계산하세요.

1. $1\frac{2}{5}+0.6\times\frac{1}{4}\div0.3=1\frac{9}{10}(=1.9)$
2. $1.2\div1\frac{1}{5}\times1.8+\frac{3}{4}=2\frac{11}{20}(=2.55)$

계산 순서도 표시해요!

3. $1\frac{4}{5}-\frac{8}{25}\div0.7\times1\frac{1}{4}=1\frac{8}{35}$
4. $0.45+1\frac{3}{8}\times1.6\div1\frac{4}{7}=1\frac{17}{20}(=1.85)$
5. $1\frac{1}{6}\times4\frac{1}{2}\div0.3-0.5=17$
6. $1\frac{1}{4}-0.5\div\frac{5}{8}\times0.4=\frac{93}{100}(=0.93)$

덧셈이나 뺄셈일지라도 ( )로 묶여 있으면 가장 먼저 계산해요.

( ) 안을 ◯로 묶고 계산하세요.

( ) 안을 묶은 다음 가장 먼저 계산해요.

1. $\left(4.2+\frac{3}{10}\right)\times\frac{2}{5}\div1.8=1$
2. $0.8\div\left(\frac{1}{2}\times0.2\right)+0.05=8\frac{1}{20}(=8.05)$

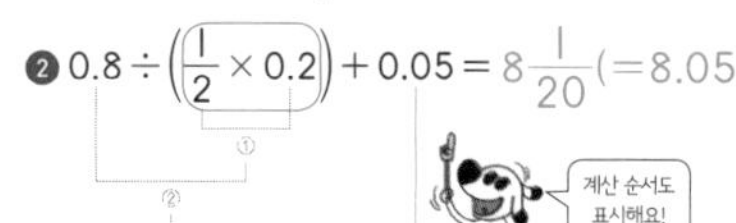

계산 순서도 표시해요!

3. $\left(1.5-\frac{3}{4}\right)\times0.4\div1\frac{1}{5}=\frac{1}{4}(=0.25)$
4. $2\frac{1}{2}\times\left(1.4+\frac{4}{5}\right)\div0.5=11$
5. $2\frac{1}{4}\times0.2\div\left(0.75-\frac{1}{4}\right)=\frac{9}{10}(=0.9)$
6. $3\frac{3}{8}\div0.6\times\left(0.7+\frac{1}{3}\right)=5\frac{13}{16}(=5.8125)$

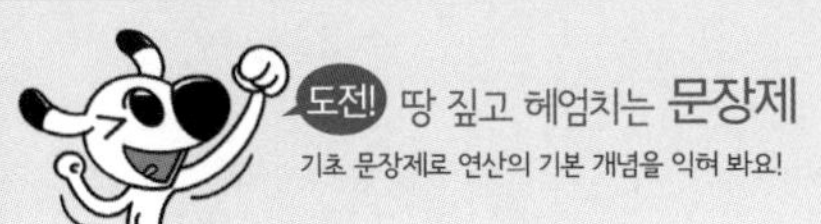

식을 읽은 문장을 완성하세요.

❶ $6.3 \div \frac{9}{10} + 1\frac{3}{5} \times 0.2$

➡ 6.3을 $\frac{9}{10}$로 나눈 몫에 $1\frac{3}{5}$과 0.2의 곱을 더합니다.

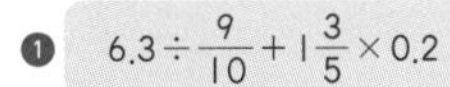

하나의 식으로 나타내고 계산하세요.

❷ $2\frac{1}{2}$과 1.2의 곱에서 $\frac{3}{7}$을 0.3으로 나눈 몫을 뺀 수

식 $2\frac{1}{2} \times 1.2 - \frac{3}{7} \div 0.3 = 1\frac{4}{7}$

답 $1\frac{4}{7}$

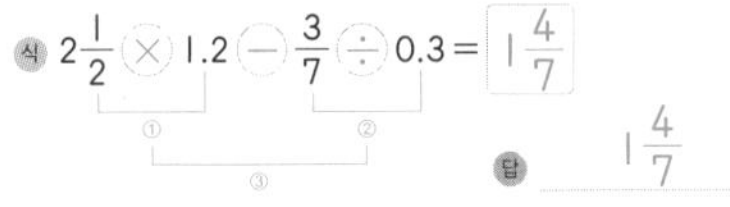

❸ 1.25를 0.8과 $\frac{3}{4}$의 차로 나눈 몫에 0.8을 곱한 수

식 $1.25 \div \left(0.8 - \frac{3}{4}\right) \times 0.8 = 20$

답 20

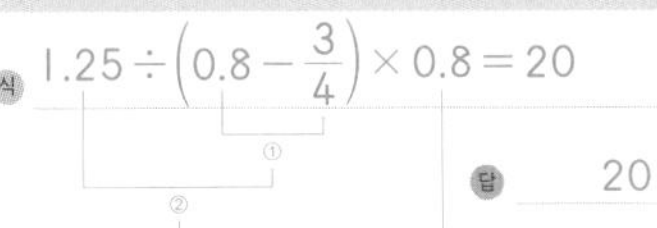

❷ 문장을 끊어 읽으면 하나의 식으로 나타내기 쉬워요.

$2\frac{1}{2}$과 1.2의 곱에서 / $\frac{3}{7}$을 0.3으로 나눈 몫을 / 뺀 수

$2\frac{1}{2} \times 1.2$ $\frac{3}{7} \div 0.3$

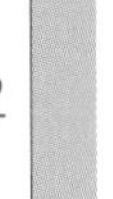

18 덧셈, 뺄셈, 곱셈, 나눗셈 모두 모여라

덧셈, 뺄셈, 곱셈, 나눗셈이 섞여 있는 식은 곱셈과 나눗셈 먼저 계산합니다.

셈이 4개인 분수와 소수의 혼합 계산

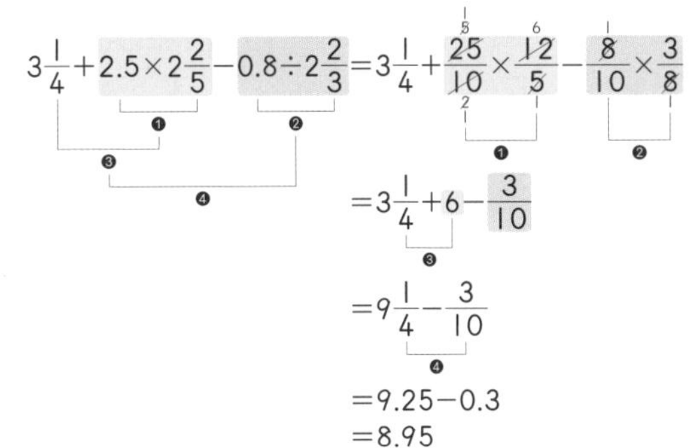

$3\frac{1}{4} + 2.5 \times 2\frac{2}{5} - 0.8 \div 2\frac{2}{3} = 3\frac{1}{4} + \frac{25}{10} \times \frac{12}{5} - \frac{8}{10} \times \frac{3}{8}$

$= 3\frac{1}{4} + 6 - \frac{3}{10}$

$= 9\frac{1}{4} - \frac{3}{10}$

$= 9.25 - 0.3$

$= 8.95$

곱셈과 나눗셈은 소수를 분수로 바꿔서 풀면 약분이 돼서 계산이 간단한 경우가 많아요.

분수를 소수로 바꿔서 풀면 통분을 하지 않아도 돼서 계산이 편해요.

A 덧셈과 뺄셈이 곱셈과 나눗셈을 만나면 계산 순서를 양보해야 해요. 이럴 땐 곱셈, 나눗셈을 먼저! 덧셈과 뺄셈을 나중에 계산해요.

곱셈, 나눗셈 부분을 각각 ⬭로 묶고 계산하세요.

❶ $\frac{2}{3} \times 2.1 - \frac{4}{5} \div 1\frac{1}{15} + 1.2 = 1\frac{17}{20} (=1.85)$

❷ $1\frac{2}{3} - 0.9 \div 2\frac{1}{4} + 1\frac{3}{5} \times 0.5 = 2\frac{1}{15}$

계산 순서도 표시해요!

❸ $2\frac{4}{5} \times 3.5 + 0.6 - 0.9 \div 1\frac{1}{2} = 9\frac{4}{5} (=9.8)$

❹ $1\frac{1}{2} \div 0.75 + 1\frac{2}{3} \times 2.5 - \frac{3}{8} = 5\frac{19}{24}$

❺ $1\frac{3}{4} \times 2.4 - 2.5 + 3.5 \div 1\frac{1}{4} = 4\frac{1}{2} (=4.5)$

B 먼저 곱셈과 나눗셈을 앞에서부터 차례로! 그다음 덧셈과 뺄셈을 앞에서부터 차례로 계산해요.

곱셈, 나눗셈 부분을 각각 ⬭로 묶고 계산하세요.

❶ $1.8 \times 2\frac{2}{3} + 4\frac{1}{6} \div 2.5 - 3\frac{1}{4} = 3\frac{13}{60}$

❷ $0.6 \div \frac{2}{5} + 3\frac{1}{3} - 1\frac{2}{9} \times 0.9 = 3\frac{11}{15}$

계산 순서도 표시해요!

❸ $1\frac{3}{8} + 1.5 \times \frac{1}{2} - 2\frac{1}{4} \div 3.6 = 1\frac{1}{2} (=1.5)$

❹ $2.8 \div 1\frac{2}{5} + 1.6 \times 3\frac{1}{4} - \frac{3}{10} = 6\frac{9}{10} (=6.9)$

❺ $1.9 \times 2\frac{1}{2} - \frac{9}{20} + 1\frac{1}{8} \div 0.5 = 6\frac{11}{20} (=6.55)$

곱셈, 나눗셈이 연달아 나오면 하나의 큰 묶음으로 생각하고 먼저 그 묶음 안을 앞에서부터 차례로 계산하면 돼요.

식이 복잡해지고 길어지면 풀다가 이전에 계산한 답을 잊어버릴 수도 있을 거예요. 계산 순서를 표시한 번호 아래 구한 답을 적으면 실수를 줄일 수 있어요.

C

곱셈, 나눗셈 부분을 ( )로 묶고 계산하세요.

❶ $\left(3\frac{1}{4}\times0.2\div\frac{1}{2}\right)+1\frac{1}{2}-0.6=2\frac{1}{5}(=2.2)$

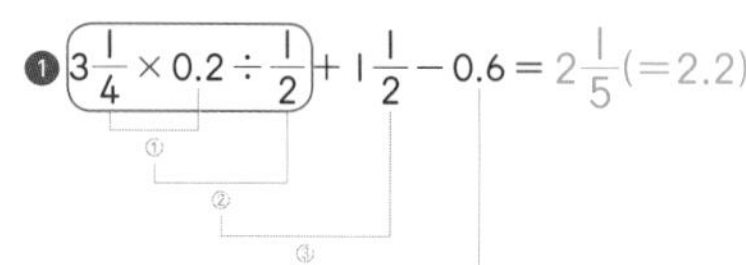

❷ $5.2-\left(2\frac{1}{6}\div3\frac{5}{7}\times0.6\right)+2\frac{3}{4}=7\frac{3}{5}(=7.6)$

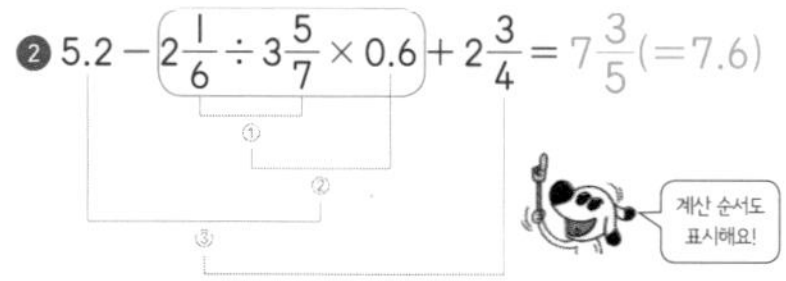
계산 순서도 표시해요!

❸ $2.2+1\frac{1}{4}-\left(0.8\times2\frac{1}{2}\div1.25\right)=1\frac{17}{20}(=1.85)$

❹ $\frac{3}{4}+\left(1.5\div1\frac{1}{5}\times1.6\right)-\frac{1}{20}=2\frac{7}{10}(=2.7)$

❺ $1\frac{2}{5}-1.28+\left(3\frac{1}{3}\times0.6\div1\frac{1}{4}\right)=1\frac{18}{25}(=1.72)$

D

곱셈, 나눗셈 부분을 ( )로 묶고 계산하세요.

❶ $1\frac{1}{4}-\left(2\frac{1}{4}\div1.5\times\frac{5}{8}\right)+3\frac{3}{4}=4\frac{1}{16}(=4.0625)$

❷ $\left(5\frac{1}{3}\times1\frac{1}{8}\div1.2\right)-1\frac{1}{2}+0.5=4$

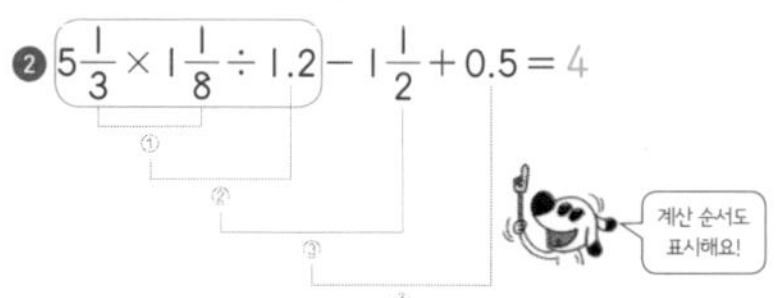
계산 순서도 표시해요!

❸ $2.4-\left(1.6\div1\frac{1}{3}\times\frac{5}{6}\right)+0.8=2\frac{1}{5}(=2.2)$

❹ $\frac{1}{2}+3.8-\left(\frac{3}{5}\times1.25\div\frac{5}{8}\right)=3\frac{1}{10}(=3.1)$

❺ $\left(1\frac{7}{8}\div2.5\times\frac{1}{6}\right)+5.5-1\frac{1}{4}=4\frac{3}{8}(=4.375)$

도전! 땅 짚고 헤엄치는 문장제

기초 문장제로 연산의 기본 개념을 익혀 봐요!

식을 읽은 문장을 완성하세요.

❶ $\frac{1}{3}\times0.6+1.2\div\frac{2}{5}-1.5$

➡ $\frac{1}{3}$을 0.6 배 한 수와 1.2를 $\frac{2}{5}$ 로 나눈 몫의 합 에서 1.5를 뺍니다.

- + ➡ 합, 더하고, 더한
- − ➡ 차, 빼고, 뺀
- × ➡ 곱한, ●배
- ÷ ➡ 나눈 몫

다음 문장을 읽고 하나의 식으로 나타내어 답을 구하세요.

❷ 4.5를 $\frac{3}{5}$으로 나눈 몫에서 $2\frac{1}{2}$의 0.3배를 빼고 $\frac{1}{4}$을 더한 수는 얼마일까요?

문장을 /로 끊어 읽어 봐요.

식 $4.5\div\frac{3}{5}-2\frac{1}{2}\times0.3+\frac{1}{4}=7$

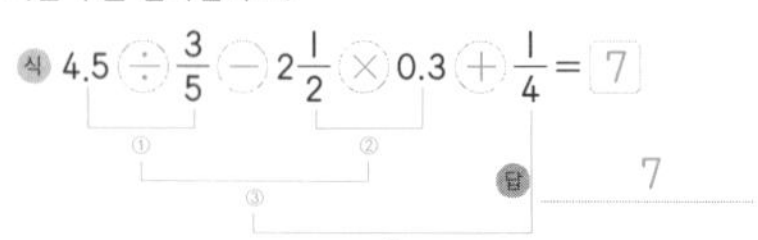

답 7

❸ 3.6에 $\frac{2}{3}$의 0.6배를 더하고 $\frac{1}{5}$을 0.2로 나눈 몫을 뺀 수는 얼마일까요?

식 $3.6+\frac{2}{3}\times0.6-\frac{1}{5}\div0.2=3$

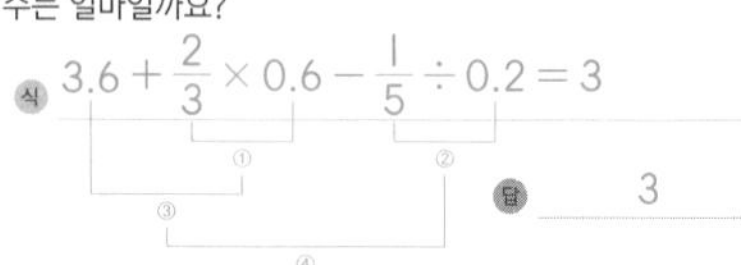

답 3

쏙쏙다

❷ 문장을 끊어 읽으면 하나의 식으로 나타내기 쉬워요.

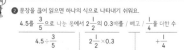

4.5를 $\frac{3}{5}$으로 나눈 몫에서 / $2\frac{1}{2}$의 0.3배를 / 빼고 / $\frac{1}{4}$을 더한 수

$4.5\div\frac{3}{5}$ | $2\frac{1}{2}\times0.3$ | $+\frac{1}{4}$

19 복잡한 혼합 계산도 능숙하게 해 내자

덧셈, 뺄셈, 곱셈, 나눗셈이 섞여 있고 ( )가 있는 식은
( ) 안 ➡ 곱셈, 나눗셈 ➡ 덧셈, 뺄셈 순서로 계산합니다.

분수와 소수가 있는 복잡한 혼합 계산

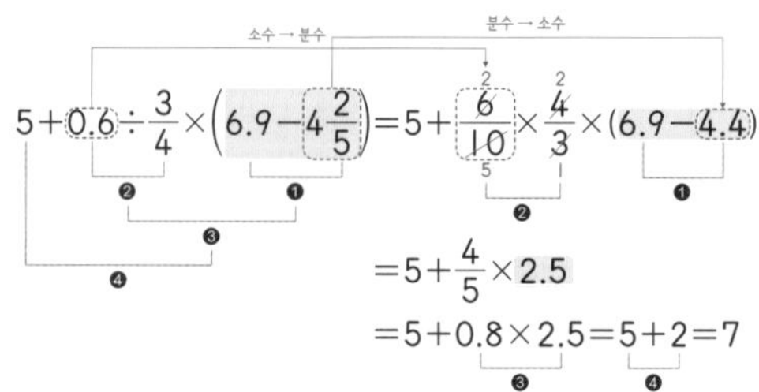

소수 → 분수 / 분수 → 소수

$5+0.6\div\frac{3}{4}\times\left(6.9-4\frac{2}{5}\right)=5+\frac{6}{10}\times\frac{4}{3}\times(6.9-4.4)$

$=5+\frac{4}{5}\times2.5$

$=5+0.8\times2.5=5+2=7$

곱셈과 나눗셈이 섞여 있는 식은 앞에서부터 차례로 계산해 주면 끝~.
앞에서부터 차례로!

곱셈과 나눗셈은 덧셈과 뺄셈보다 먼저 계산해요!

A 처음부터 모든 분수를 소수로 바꾸거나 모든 소수를 분수로 바꾸게 되면 계산이 복잡해질 수 있어요. 계산하면서 필요할 때마다 바꾸는 게 좋아요.

( ) 안을 ◯로 묶고 계산하세요.

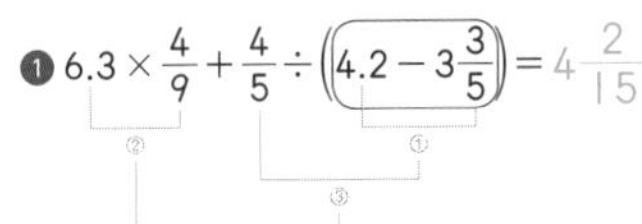

❶ $6.3\times\frac{4}{9}+\frac{4}{5}\div(4.2-3\frac{3}{5})=4\frac{2}{15}$

❷ $18.2\div(\frac{2}{3}+1.5)\times1\frac{3}{7}-5\frac{1}{2}=6\frac{1}{2}(=6.5)$

계산 순서도 표시해요!

❸ $(2\frac{1}{3}+2\frac{1}{6})\times4\div2\frac{2}{3}-6.25=\frac{1}{2}(=0.5)$

❹ $2\frac{3}{4}\times4.8\div(5.3-2\frac{1}{2})+2.5=7\frac{3}{14}$

❺ $2\frac{2}{5}\times0.625-0.8\div(\frac{3}{4}+1.75)=1\frac{9}{50}(=1.18)$

B 복잡한 계산일수록 계산 순서를 먼저 정확히 정한 다음 문제를 푸는 습관을 기르도록 해요.

( ) 안을 ◯로 묶고 계산하세요.

❶ $5-2\frac{1}{3}\times0.5\div(1.3+\frac{1}{5})=4\frac{2}{9}$

❷ $0.4\times2\frac{1}{4}\div(6.75-3\frac{3}{4})+8.5=8\frac{4}{5}(=8.8)$

계산 순서도 표시해요!

❸ $2\frac{1}{5}\div(\frac{2}{3}-\frac{4}{15})\times0.2+3.2=4\frac{3}{10}(=4.3)$

❹ $(1.3+2\frac{3}{10})\times3.5\div4\frac{1}{2}-0.9=1\frac{9}{10}(=1.9)$

❺ $1\frac{2}{3}+7\frac{1}{2}\times2\div(2.77-1\frac{13}{25})=13\frac{2}{3}$

112~113쪽

C 계산이 복잡해 보이지만 분수의 계산에서 약분하면 답이 간단하게 나오기도 해요. 복잡한 계산도 약분을 틈틈이 하면 간단해져요.

( ) 안을 ◯로 묶고 계산하세요.

❶ $(\frac{2}{3}\times0.5+1.3)\div1\frac{2}{5}-0.7=\frac{7}{15}$

❷ $1.04+\frac{3}{5}\times(4.2-1\frac{1}{2}\div0.5)=1\frac{19}{25}(=1.76)$

계산 순서도 표시해요!

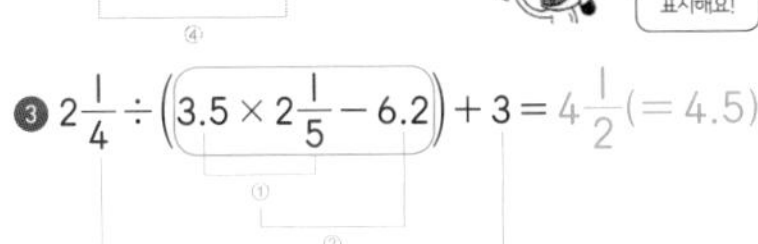

❸ $2\frac{1}{4}\div(3.5\times2\frac{1}{5}-6.2)+3=4\frac{1}{2}(=4.5)$

❹ $\frac{5}{6}\times1.2-(0.75\div1\frac{7}{8}+\frac{1}{3})=\frac{4}{15}$

❺ $3\frac{3}{4}\div(7.1-1\frac{3}{5}\times3.5)+\frac{3}{8}=2\frac{7}{8}(=2.875)$

D ( )가 여러 개 있으면 ( ) 안을 각각 계산하고, 그 밖의 수식을 계산하면 돼요.

( ) 안을 각각 ◯로 묶고 계산하세요.

❶ $4\times(3.5-1\frac{1}{4})\div(1\frac{4}{5}+2.7)=2$

❷ $(1\frac{7}{8}+0.4)\times1.6\div(2\frac{1}{2}-1.2)=2\frac{4}{5}(=2.8)$

계산 순서도 표시해요!

❸ $(6\frac{1}{2}-3.26)\div(1.8\times1\frac{1}{2})+0.7=1\frac{9}{10}(=1.9)$

❹ $(3\frac{1}{5}+1.76\times1\frac{1}{4})\div(4\frac{9}{10}-2.4)=2\frac{4}{25}(=2.16)$

❺ $(7\frac{3}{8}-2.25)\times(1\frac{3}{5}\div3.2+2\frac{1}{2})=15\frac{3}{8}(=15.375)$

114~115쪽

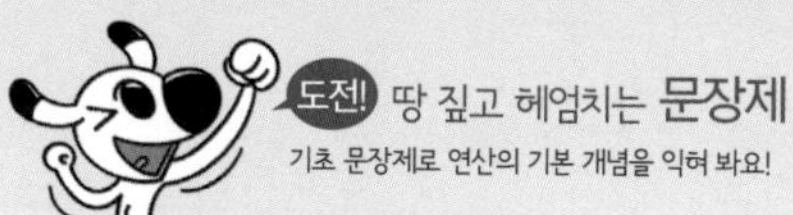

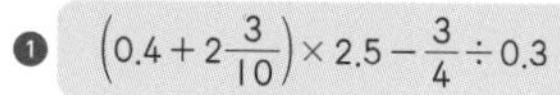

식을 읽은 문장을 완성하세요.

❶ $\left(0.4+2\frac{3}{10}\right)\times 2.5-\frac{3}{4}\div 0.3$

➡ 0.4와 $2\frac{3}{10}$의 합에 2.5를 곱하고 $\frac{3}{4}$을 0.3으로 나눈 몫을 뺍니다.

- + ➡ 합, 더하고, 더한
- − ➡ 차, 빼고, 뺀
- × ➡ 곱한, ●배
- ÷ ➡ 나눈 몫

다음 문장을 읽고 하나의 식으로 나타내어 답을 구하세요.

❷ $1\frac{2}{3}$와 2.4의 곱에서 1.25와 $\frac{3}{4}$의 합을 0.6으로 나눈 몫을 뺀 수는 얼마일까요?

식 $1\frac{2}{3}\times 2.4-\left(1.25+\frac{3}{4}\right)\div 0.6=\frac{2}{3}$

답 $\frac{2}{3}$

0.6으로 나누어야 할 부분은 '1.25와 $\frac{3}{4}$의 합'이에요. 밑줄 친 부분을 한 덩어리로 생각하고 ( )로 묶어요.

❸ 3.4와 $2\frac{3}{5}$의 차에 0.75를 곱하고 $\frac{1}{4}$을 0.2로 나눈 몫을 더한 수는 얼마일까요?

식 $\left(3.4-2\frac{3}{5}\right)\times 0.75+\frac{1}{4}\div 0.2=1\frac{17}{20}(=1.85)$

답 $1\frac{17}{20}(=1.85)$

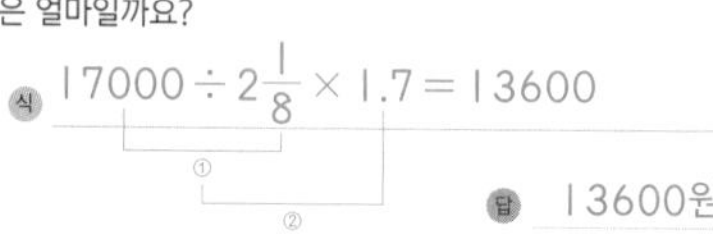

활용 문장제 20 분수와 소수의 혼합 계산 문장제

분수와 소수의 혼합 계산 문장제

길이가 $7\frac{1}{2}$ m인 끈을 1.5 m 잘라 낸 후 한 명이 0.75 m씩 나누어 가졌습니다. 모두 몇 명이 나누어 가졌을까요?

1단계 문장을 /로 끊어 읽고 조건을 수와 연산 기호로 나타냅니다.

길이가 $7\frac{1}{2}$ m인 끈을 1.5 m 잘라 낸 후 / ➡ $\left(7\frac{1}{2}-1.5\right)$

한 명이 0.75 m씩 나누어 가졌습니다. / ➡ $\div 0.75$

모두 몇 명이 나누어 가졌을까요?

2단계 하나의 식으로 나타냅니다.

$\left(7\frac{1}{2}-1.5\right)\div 0.75$

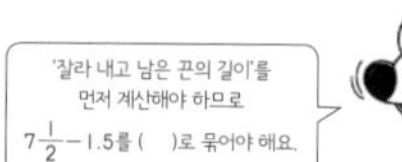

'잘라 내고 남은 끈의 길이'를 먼저 계산해야 하므로 7 1/2−1.5를 ( )로 묶어야 해요.

3단계 식을 순서에 맞게 계산하고 알맞은 단위를 붙여 답을 씁니다.

$\left(7\frac{1}{2}-1.5\right)\div 0.75=(7.5-1.5)\div 0.75$
$=6\div 0.75=8$

➡ 나누어 가진 사람 수: 8 명

답에 단위를 쓰는 것도 잊지 마요!

116~117쪽

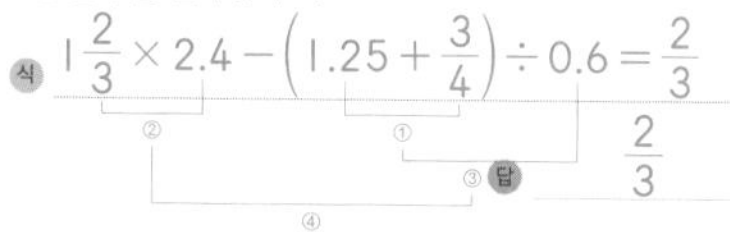

다음 문장을 읽고 하나의 식으로 나타내어 답을 구하세요.

❶ 오렌지 0.8 kg의 값이 2800원입니다. 오렌지 $\frac{3}{10}$ kg의 값은 얼마일까요?

식 $2800\div 0.8\times\frac{3}{10}=1050$

답 1050 원

단위를 꼭 써요!

- 오렌지 1 kg의 값 ➡ 2800÷0.8 원

오렌지 1 kg의 값에 구하려는 오렌지의 무게를 곱하면 돼요.

❷ 딸기 $1\frac{3}{5}$ kg의 값이 4000원입니다. 딸기 2.8 kg의 값은 얼마일까요?

식 $4000\div 1\frac{3}{5}\times 2.8=7000$

답 7000원

- 딸기 1 kg의 값 ➡ $4000\div 1\frac{3}{5}$ 원

❸ 포도 $2\frac{1}{8}$ kg의 값이 17000원입니다. 포도 1.7 kg의 값은 얼마일까요?

식 $17000\div 2\frac{1}{8}\times 1.7=13600$

답 13600원

- 포도 1 kg의 값 ➡ $17000\div 2\frac{1}{8}$ 원

다음 문장을 읽고 하나의 식으로 나타내어 답을 구하세요.

❶ 밑변의 길이가 2.5 cm이고 높이가 $3\frac{1}{5}$ cm인 삼각형의 넓이는 몇 cm^2일까요?

식 $2.5\times 3\frac{1}{5}\div 2=4$

답 4 cm^2

(삼각형의 넓이) =(밑변의 길이)×(높이)÷2

❷ 밑변의 길이가 3.2 m이고 높이가 $2\frac{1}{4}$ m인 삼각형의 넓이는 몇 m^2일까요?

식 $3.2\times 2\frac{1}{4}\div 2=3\frac{3}{5}(=3.6)$

답 $3\frac{3}{5}$ m^2 (=3.6 m^2)

❸ 넓이가 $12\frac{2}{5}$ m^2인 삼각형이 있습니다. 높이가 3.875 m이면 밑변의 길이는 몇 m일까요?

식 $12\frac{2}{5}\times 2\div 3.875=6\frac{2}{5}(=6.4)$

답 $6\frac{2}{5}$ m (=6.4 m)

(밑변의 길이) =(삼각형의 넓이)×2÷(높이)

( )가 있으면 ( ) 안을 가장 먼저 계산해요.

다음 문장을 읽고 하나의 식으로 나타내어 답을 구하세요.

❶ 음료수가 $4\frac{1}{10}$ L 있습니다. 이 중 0.5 L를 마시고 남은 음료수를 한 사람에게 0.45 L씩 나누어 준다면 모두 몇 명에게 나누어 줄 수 있을까요?

식 $\left(4\frac{1}{10}-0.5\right)\div0.45=8$

답 8명

• 마시고 남은 음료수 양 → $4\frac{1}{10}-0.5$ L

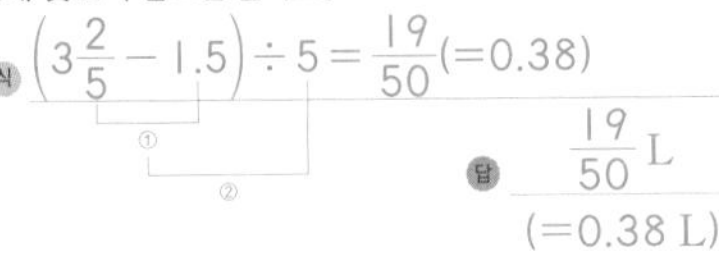

0.45 L씩 나누어 줄 음료수는 '$4\frac{1}{10}$ L에서 0.5 L를 마시고 남은 음료수의 양'이에요. 먼저 계산하는 이 부분을 ( )로 묶어 나타내요.

❷ 간장이 $3\frac{2}{5}$ L 있습니다. 요리하면서 1.5 L를 사용하고 남은 간장을 5개의 병에 똑같이 나누어 담으려고 합니다. 한 병에 몇 L씩 담으면 될까요?

식 $\left(3\frac{2}{5}-1.5\right)\div5=\frac{19}{50}(=0.38)$

답 $\frac{19}{50}$ L (=0.38 L)

• 사용하고 남은 간장 양 → $3\frac{2}{5}-1.5$ L

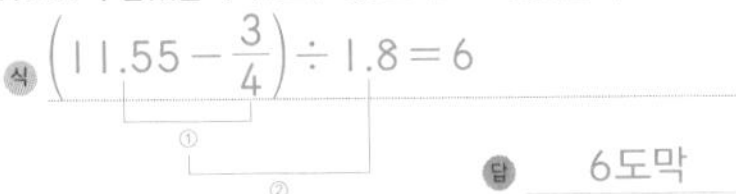

❸ 길이가 11.55 m인 쇠 파이프가 있습니다. 이 중 $\frac{3}{4}$ m를 잘라 수도관을 연결하는 데 사용하고 남은 부분을 똑같이 1.8 m씩 잘랐습니다. 모두 몇 도막으로 잘랐을까요?

식 $\left(11.55-\frac{3}{4}\right)\div1.8=6$

답 6도막

• 사용하고 남은 쇠 파이프 길이 → $11.55-\frac{3}{4}$ m

사다리꼴의 넓이를 구하는 식을 이용하여 하나의 식으로 나타낸 다음 계산 순서에 맞게 차근차근 계산해 보세요.

다음 문장을 읽고 하나의 식으로 나타내어 답을 구하세요.

❶ 윗변의 길이가 $1\frac{1}{4}$ cm, 아랫변의 길이가 2.75 cm이고 높이가 $3\frac{1}{2}$ cm인 사다리꼴의 넓이는 몇 cm^2일까요?

식 $\left(1\frac{1}{4}+2.75\right)\times3\frac{1}{2}\div2=7$

답 7 cm^2

(사다리꼴의 넓이) =((윗변의 길이)+(아랫변의 길이))×(높이)÷2

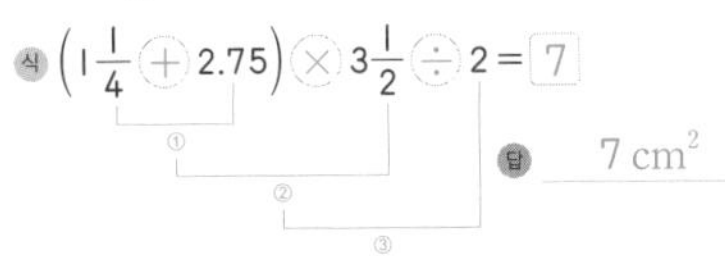

사다리꼴의 넓이를 구할 땐 '윗변과 아랫변의 길이의 합'을 먼저 계산하므로 이 부분을 ( )로 묶어 나타내요.

❷ 윗변의 길이가 3.8 cm, 아랫변의 길이가 $5\frac{4}{5}$ cm이고 높이가 $2\frac{1}{6}$ cm인 사다리꼴의 넓이는 몇 cm^2일까요?

식 $\left(3.8+5\frac{4}{5}\right)\times2\frac{1}{6}\div2=10\frac{2}{5}(=10.4)$

답 $10\frac{2}{5}$ cm^2 (=10.4 cm^2)

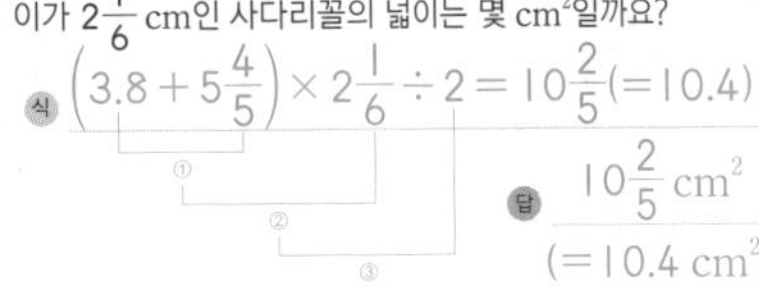

❸ 윗변의 길이가 5.2 m, 아랫변의 길이가 $9\frac{1}{2}$ m이고 높이가 $6\frac{2}{3}$ m인 사다리꼴의 넓이는 몇 m^2일까요?

식 $\left(5.2+9\frac{1}{2}\right)\times6\frac{2}{3}\div2=49$

답 49 m^2

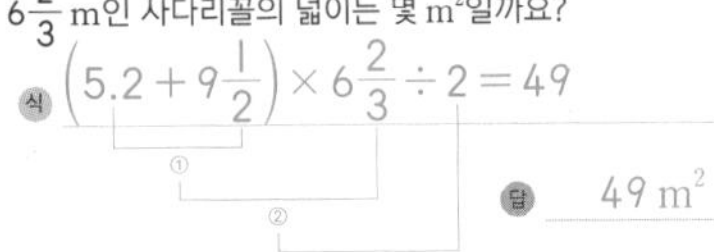

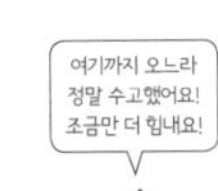

여기까지 오느라 정말 수고했어요! 조금만 더 힘내요!

1시간은 60분이므로 ■시간 ●분을 몇 시간으로 나타내면 ■$\frac{●}{60}$시간이에요.

다음 문장을 읽고 하나의 식으로 나타내어 답을 구하세요.

❶ 은서는 1시간 20분 동안 3.6 km를 걸어갔습니다. 같은 빠르기로 $2\frac{2}{3}$시간 동안에는 몇 km를 걸어갈 수 있을까요?

식 $3.6\div1\frac{1}{3}\times2\frac{2}{3}=7\frac{1}{5}(=7.2)$

답 $7\frac{1}{5}$ km (=7.2 km)

• 1시간 20분 $=1\frac{20}{60}$시간 $=1\frac{1}{3}$시간
• 1시간 동안 걸어갈 수 있는 거리 → $3.6\div1\frac{1}{3}$ km

❷ 어떤 버스가 1시간 30분 동안 100.5 km를 달렸습니다. 같은 빠르기로 $2\frac{2}{5}$시간 동안에는 몇 km를 달릴 수 있을까요?

식 $100.5\div1\frac{1}{2}\times2\frac{2}{5}=160\frac{4}{5}(=160.8)$

답 $160\frac{4}{5}$ km (=160.8 km)

• 1시간 30분 $=1\frac{30}{60}$시간 $=1\frac{1}{2}$시간
• 1시간 동안 달릴 수 있는 거리 → $100.5\div1\frac{1}{2}$ km

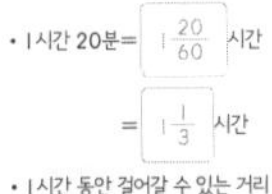

❸ 어떤 자동차가 4시간 15분 동안 222.7 km를 달렸습니다. 같은 빠르기로 $\frac{5}{6}$시간 동안에는 몇 km를 달릴 수 있을까요?

식 $222.7\div4\frac{1}{4}\times\frac{5}{6}=43\frac{2}{3}$

답 $43\frac{2}{3}$ km

• 4시간 15분 $=4\frac{15}{60}$시간 $=4\frac{1}{4}$시간
• 1시간 동안 달릴 수 있는 거리 → $222.7\div4\frac{1}{4}$ km

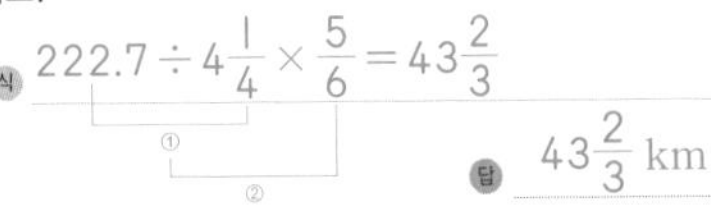

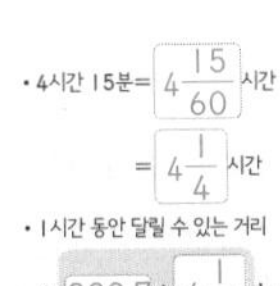

셋째 마당까지 다 풀다니~ 정말 대단해요!

혼합 계산식이 복잡해도 계산 순서만 잘 기억하면 문제없어요!

읽는 재미를 높인 초등 문해력 향상 프로그램

바빠 독해 (전 6권)

1-2 단계

1~2 학년

3-4 단계

3~4 학년

5-6 단계

5~6 학년

비문학 지문도 재미있게 읽을 수 있어요!

바빠 독해 1~6단계

각 권 9,800원

- **초등학생이 직접 고른 재미있는 이야기들!**
  - 연구소의 어린이가 읽고 싶어 한 흥미로운 이야기만 골라 담았어요.
  - 1단계 | 이솝우화, 과학 상식, 전래동화, 사회 상식
  - 2단계 | 이솝우화, 과학 상식, 전래동화, 사회 상식
  - 3단계 | 탈무드, 교과 과학, 생활문, 교과 사회
  - 4단계 | 속담 동화, 교과 과학, 생활문, 교과 사회
  - 5단계 | 고사성어, 교과 과학, 생활문, 교과 사회
  - 6단계 | 고사성어, 교과 과학, 생활문, 교과 사회
- **읽다 보면 나도 모르게 교과 지식이 쑥쑥!**
  - 다채로운 주제를 읽다 보면 초등 교과 지식이 쌓이도록 설계!
  - 초등 교과서(국어, 사회, 과학)와 100% 밀착 연계돼 학교 공부에 도 직접 도움이 돼요.
- **분당 영재사랑 연구소 지도 비법 대공개!**
  - 종합력, 이해력, 추론 능력, 분석력, 사고력, 문법까지 한 번에 OK!
  - 초등학생 눈높이에 맞춘 수능형 문항을 담았어요!
- **초등학교 방과 후 교재로 인기!**
  - 아이들의 눈을 번쩍 뜨게 할 만한 호기심 넘치는 재미있고 유익한 교재!

  (남상 초등학교 방과 후 교사, 동화작가 강민숙 선생님 추천)

16년간 어린이들을 밀착 지도한 호사라 박사의 독해력 처방전!

영재 교육 선생님들의 선생님!
호사라 박사

"초등학생 취향 저격! 집에서도 모든 어린이가 쉽게 문해력을 키울 수 있는 즐거운 활동을 선별했어요!"

★ 서울대학교 교육학 학사 및 석사
★ 버지니아 대학교(University of Virginia) 영재 교육학 박사

분당에 영재사랑 교육연구소를 설립하여 유년기(6세~13세) 영재들을 위한 논술, 수리, 탐구 프로그램을 16년째 직접 개발하며 수업을 진행하고 있어요.

바빠쌤이 알려 주는 '바빠 영어' 학습 로드맵

'바빠 영어'로 초등 영어 끝내기!

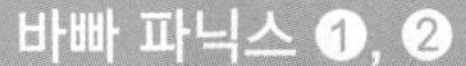

바빠 영단어 Starter ①, ②

바빠 3·4 영단어

바빠 5·6 영단어

바빠 5·6 영어 시제

바빠 3·4 영문법 ①, ②

바빠 5·6 영문법 ①, ②

바빠 5·6 영작문

초등 수학

바빠 교과서 연산 (전 12권)

1~6학년 학기별 전 12권 | 각 권 9,000원

★ ★ ★ ★

가장 쉬운 교과 연계용 수학책

이번 학기 필요한
연산만 모아
계산 속도가
빨라진다!

학교 진도 맞춤 연산

이번 학기 필요한
연산만 모아
계산 속도가 빨라져요!

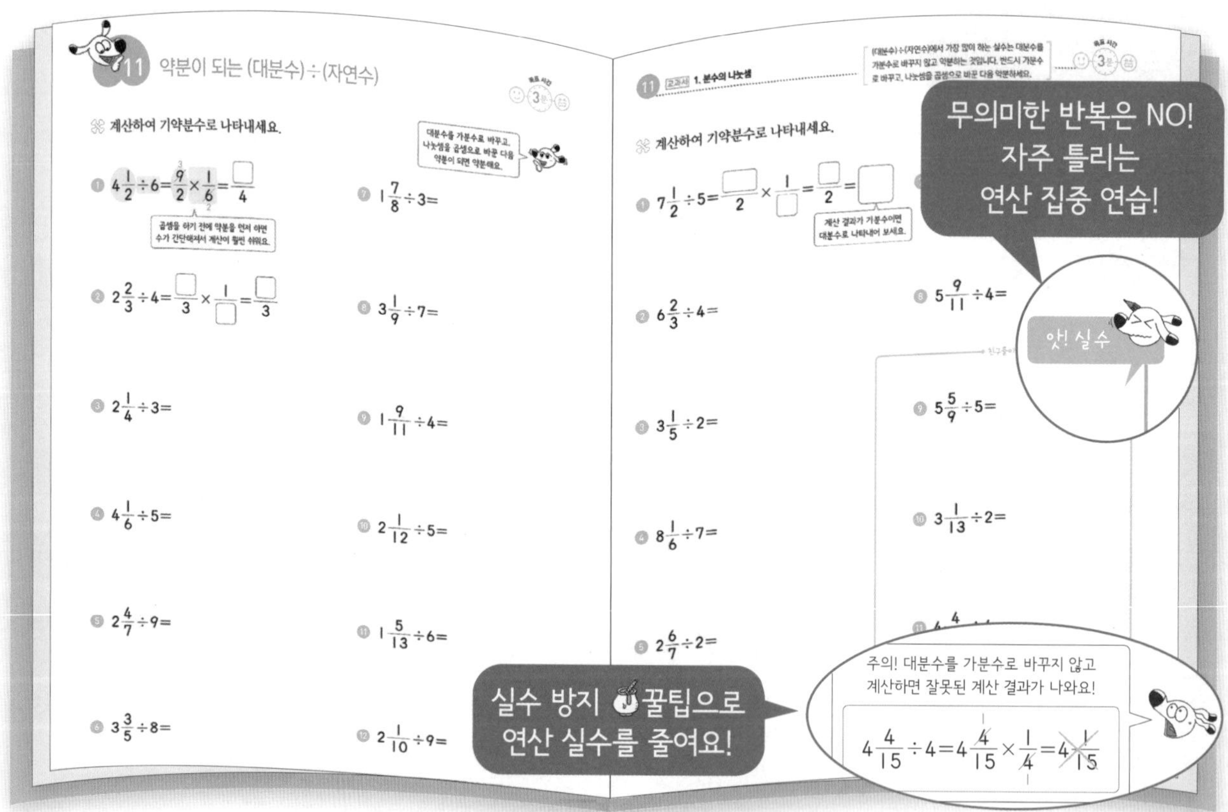

강남, 목동, 일산의 **수학학원 원장님들의 연산 꿀팁이 담겨 있어** 계산 요령이 생겨요~

초등 수학

나 혼자 푼다! 수학 문장제 (전 12권)

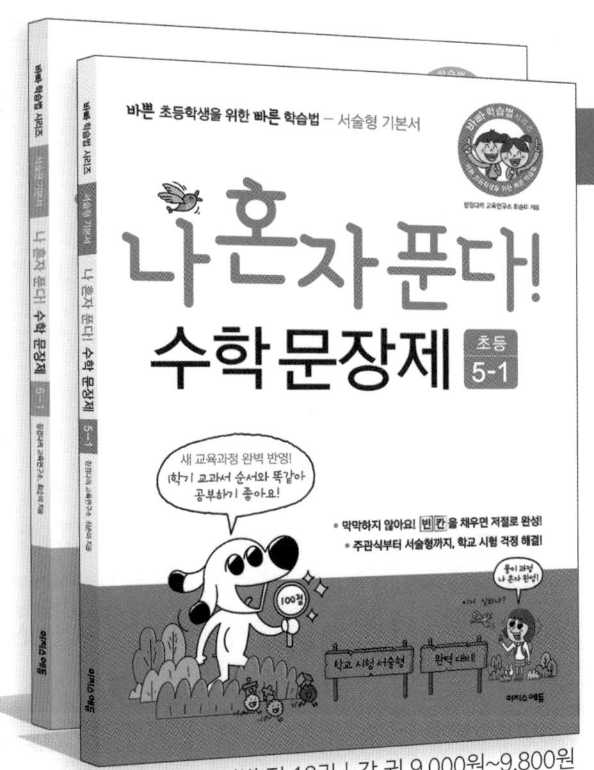

1~6학년용 학기별 전 12권 | 각 권 9,000원~9,800원

★ ★ ★

학교 시험 서술형 완벽 대비

빈칸 을 채우면 풀이와 답이 완성된다!

새 교육과정 완벽 반영!

교과서 순서와 똑같아 공부하기 좋아요!

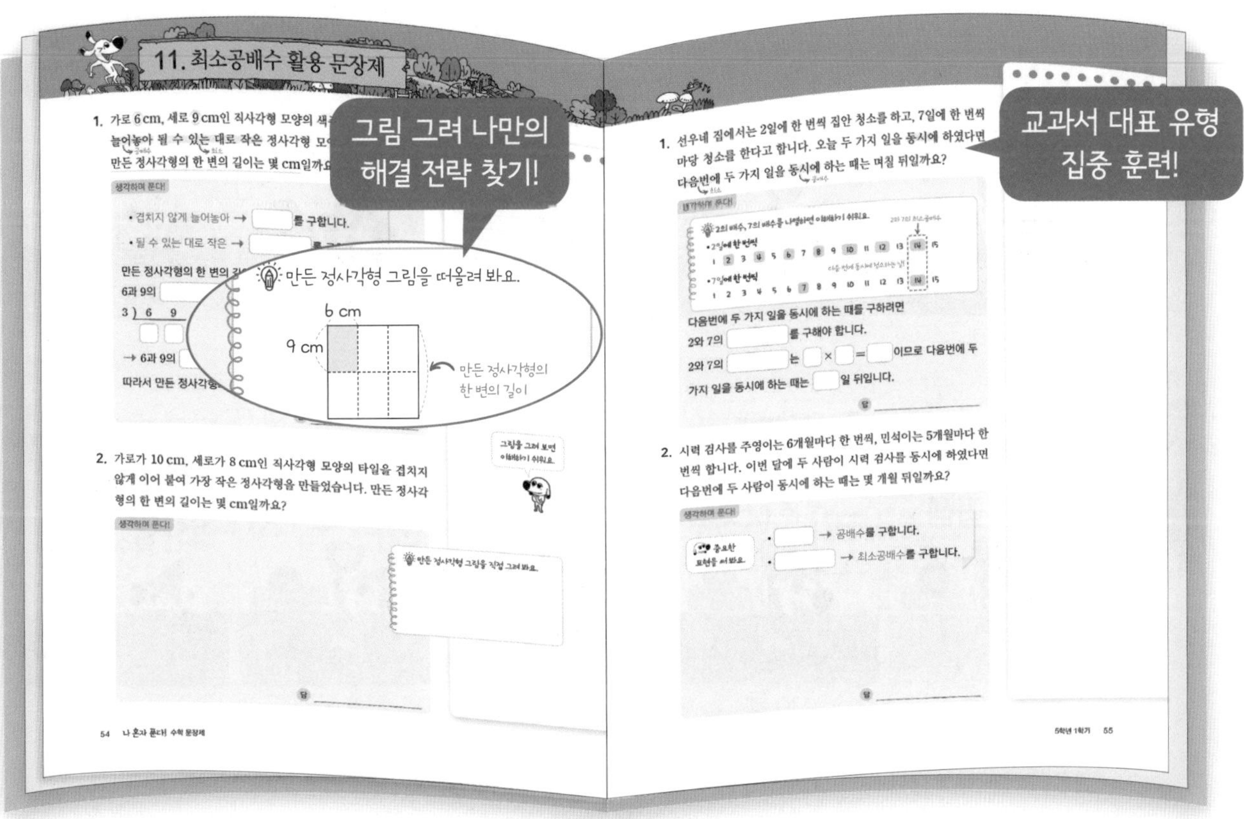

60점 맞던 아이가 이 책으로 공부하고 단원평가 100점을 맞았어요! –공부방 선생님 K

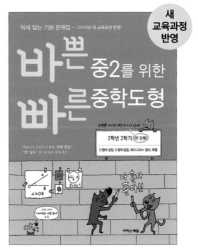

분수와 소수의 혼합 계산 한 번에 끝내기!
10일 완성! 연산력 강화 프로그램

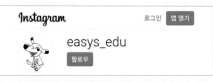

바쁜 초등학생을 위한 빠른 분수와 소수의 혼합 계산